DAS MATHEMATISCHE BERLIN

IRIS GRÖTSCHEL

DAS MATHE MATISCHE BERLIN

HISTORISCHE SPUREN UND AKTUELLE SZENE

BERLIN STORY VERLAG

IMPRESSUM

Grötschel, Iris:
Das mathematische Berlin – Historische Spuren und aktuelle Szene
1. Auflage der Neuauflage – Berlin: Berlin Story Verlag 2017
ISBN 978-3-95723-118-5

Alle Rechte vorbehalten.

© Berlin Story Verlag GmbH
Leuschnerdamm 7, 10999 Berlin
Tel.: (030) 20 91 17 80
Fax: (030) 69 20 40 059
E-Mail: Service@BerlinStory.de
UStID: DE276017878
AG Berlin (Charlottenburg) HRB 132839 B
Gestaltungsentwurf: Till Kaposty-Bliss
Umschlag (unter Verwendung einer Konstruktionszeichnung der beiden Globen einer Doppelglobusuhr, 18. Jahrhundert, vermutlich von Phillip Matthäus Hahn) und Satz: Norman Bösch

WWW.BERLINSTORY.DE

INHALT

MATHEMATISCHER BLICK AUF BERLIN 10

DIE GESCHICHTE DER MATHEMATIK IN BERLIN 16

Die Anfänge mit Leibniz und der Berliner Sozietät 17
Erste Blüte unter Friedrich dem Großen. 22
Die Anfänge der Mathematik an der Berliner Universität. . . . 29
Das goldene Zeitalter der Mathematik 35
Die mathematische Interimszeit 40
Mathematischer Neustart nach dem Ersten Weltkrieg 43
Mathematik im Nationalsozialismus 45
Mathematik an Fachakademien
und an der Technischen Hochschule. 50
Mathematik in der geteilten Stadt 56
Mathematik im wiedervereinigten Berlin. 62

MATHEMATISCHE ORTE MIT TRADITION 64

Akademie der Wissenschaften 65
Bergakademie. 67
Bauakademie 68
Gewerbeakademie/Kriegsakademie 69
Humboldt-Universität 70
Technische Universität 72
Freie Universität. 73

MATHEMATIKER IN BERLIN – BIOGRAFIEN 74

Gottfried Wilhelm Leibniz (1646-1716) 75
Pierre Louis Moreau de Maupertuis (1698-1759) 77
Leonhard Euler (1707-1783) 78
Johann Heinrich Lambert (1728-1777) 83
Joseph Louis Lagrange (1736-1813) 85
Carl Friedrich Gauß (1777-1855) 87
August Leopold Crelle (1780-1855) 88
Jakob Steiner (1796-1863) 90
Niels Henrik Abel (1802-1829) 92
Carl Gustav Jacob Jacobi (1804-1851) 97
Johann Peter Gustav Lejeune Dirichlet (1805-1859) 100
Ernst Eduard Kummer (1810-1893) 103
Karl Theodor Wilhelm Weierstraß (1815-1897) 106
Karl Wilhelm Borchardt (1817-1880) 110
Ferdinand Gotthold Max Eisenstein (1823-1852) 111
Leopold Kronecker (1823-1891) 114
Paul du Bois-Reymond (1831-1889) 117
Immanuel Lazarus Fuchs (1833-1902) 118
Hermann Amandus Schwarz (1843-1921) 119
Georg Cantor (1845-1918) 120
Ferdinand Georg Frobenius (1849-1917) 121
Sofja Kovalevskaja (1850-1891) 123
Kurt Hensel (1861-1941) 127
Adolf Kneser (1862-1930) 129
Constantin Carathéodory (1873-1950) 130
Issai Schur (1875-1941) 131
Erhard Schmidt (1876-1959) 133
Edmund Landau (1877-1938) 135
Georg Karl Wilhelm Hamel (1877-1954) 139
Richard Edler von Mises (1883-1953) 140
Ludwig Bieberbach (1886-1982) 143
Robert Erich Remak (1888-1942) 144
Hilda Geiringer (1893-1973) 145
Wolfgang Haack (1902-1994) 148
Johann von Neumann (1903-1957) 149
Alexander Dinghas (1908-1974) 152
Ernst Mohr (1910-1989) 153
Wolfgang Döblin (1915-1940) 155

MATHEMATISCHE VEREINIGUNGEN IN BERLIN 160

Mathematischer Verein an der Universität Berlin 161
Berliner Mathematische Gesellschaft 162
Deutsche Mathematiker-Vereinigung 164
International Mathematical Union 166
Berliner Landesverein MNU 167

PREISE UND EHRUNGEN 168

Der Nobelpreis und die Mathematik 169
Fields-Medaille 171
Nevanlinna-Preis 173
Carl-Friedrich-Gauß-Preis 174
Abelpreis 175
Gottfried-Wilhelm-Leibniz-Preis 176
Sofja-Kovalevskaja-Preis 177
Diverse mathematische Preise 178
Orden pour le Mérite 179

BERLINER MATHEMATIK HEUTE 180

Mathematische Institute der drei Universitäten 181
Weierstraß-Institut (WIAS) 182
Zuse-Institut (ZIB) 183
Matheon 184
Berlin Mathematical School 185
Mathematische Förderprogramme 186
Berlin-Brandenburgische Akademie der Wissenschaften 187
Außergewöhnliche Mathematik-Vorlesungen 188
Mathematikprogramme für junge Menschen 189
Mathematisches Internetportal 190
Jahr der Mathematik 191

ORTE DER ERINNERUNG 192

Fries am Roten Rathaus 193
Inschrift am Reiterdenkmal für Friedrich den Großen 194

Gedenktafeln an Häusern 195
Straßennamen 196
Grabstätten 197
Stolpersteine 198
Gedenken in Gebäuden 200
Namenspatronate 201

MATHEMATISCHE EXPONATE IM ÖFFENTLICHEN RAUM 202

Allegorien am Zeughaus 203
Porträtreliefs am Postfuhramt 206
Mosaik am Haus des Lehrers 207
Denkmal für Archimedes 209
Galileo-Skulptur 210
Die Mengenlehre-Uhr 211
Der π-Fries in Dahlem 213
Wissenschaftsfenster in Mitte 214
Kryptographie in Adlershof 215
Der Matheon-Buddy-Bär 217
Die »6«-en 219
Arc 124,5° 220

MATHEMATISCHE EXPONATE IN KUNSTSAMMLUNGEN 222

Kupferstichkabinett 223
Deutsches Historisches Museum 224
Alte Nationalgalerie 225
Museumsinsel 227
Gemäldegalerie 228
Deutsches Technikmuseum 229
Sammlung der Akademie der Wissenschaften 231

MATHEMATISCHES FEUILLETON 232

Das Berliner Hausnummern-System 233
Statistik aus Berlin 234
Mathematische Zeitschriften aus Berlin 236
Mathematiker und die Märzrevolution 239

Frauen und die Mathematik 241
Mathematischer Einsatz für Berlin 243

MATHEMATISCHE KNOBELEIEN 246

Das Berlin-Sudoku 247
Das Berliner Logik-Rätsel 249
Das Berliner Brückenproblem 251

Literaturhinweise 253
Abbildungsverzeichnis 254

MATHEMATISCHER BLICK AUF BERLIN

»DIE MATHEMATIK IST DAS ALPHABET, MIT DEM GOTT DIE WELT GESCHRIEBEN HAT.«

Galileo Galilei

Also „Alles Mathe“, oder was? Da Galileo Galilei (1564-1642) uns diese Frage leider nicht mehr beantworten kann, müssen wir uns selber auf die Suche begeben. Wir werden dabei nicht das gesamte Universum erkunden, sondern nur einen winzig kleinen Punkt im Weltall, nämlich Berlin. Werfen wir also einen „mathematischen“ Blick auf diese Stadt.

Jeder, der mit offenen Augen durch Berlin geht, wird schnell Buchstaben des von Galilei beschriebenen Alphabets entdecken: Geometrische Figuren bei gotischen Kirchenfenstern oder Marmorfußböden in Einkaufszentren sowie Jahreszahlen in römischen Ziffern an Museen oder schwindelerregend große Zahlen

^ *Das Zahlensystem der Römischen Ziffern ist leider kein Stellenwertsystem. (Das Alte Museum wurde übrigens im Jahr 1828 vollendet.)*

bei der Bundesschuldenuhr. Diese mathematischen Zeichen finden Sie spielerisch ganz alleine.

Doch es gibt auch die eher verborgenen mathematischen Objekte und Geschichten, über die Sie in diesem Buch erfahren. Kommen Sie mit auf eine Zeit- und Raumreise durch das mathematische Berlin! Keine Angst! Sie benötigen auf dieser Expedition weder Zirkel, noch Taschenrechner oder gar algebraische Formeln. Als Gepäck reichen: Interesse an Geschichte, Wissenschaft, Architektur, Kultur und Kunst sowie Neugier auf außergewöhnliche Lebensschicksale bemerkenswerter Menschen.

Mathematische Aktivitäten im wissenschaftlichen Sinn gab es zur Zeit Galileis noch nicht in Berlin. Da die Stadt in jenen Jahren aber ein wichtiger Verkehrsknoten und Handelsplatz war, wurde gewiss elementare Mathematik eingesetzt: Man wog Getreide, maß Stoffe ab oder zählte Fische, außerdem kalkulierte man Preise und berechnete Gewinne. Die Baumeister werden bereits etwas kompliziertere Mathematik verwendet haben, um Pläne zu entwerfen oder Häuser zu errichten.

Die Geschichte der Mathematik begann Jahrtausende früher. Lange bevor die Menschen die Schrift erfanden, benutzten sie Zahlen und geometrische Muster, um Probleme des Alltags zu lösen. 30 000 Jahre alte Knochenfunde mit eingeritzten Kerben belegen den Umgang der Steinzeitmenschen mit Zahlen; 15 000 Jahre alte Höhlenmalereien geben Zeugnis eines erstaunlichen geometrischen Formensinns. Aus der bei allen Völkern betriebenen Arithmetik und Geometrie entwickelte sich im Laufe der Zeit in den Hochkulturen eine Wissenschaft, die ihren ersten

^ *Die Bundes-Schuldenuhr in der Reinhardtstraße 52 in Mitte zeigt den Stand vom 5. Januar 2017 um 12 Uhr mittags..*

Höhepunkt in der Epoche der antiken griechischen Mathematiker Euklid (365-300 v. Chr.) und Archimedes (287-212 v. Chr.) fand. In den folgenden Jahrhunderten wurde die wissenschaftliche Mathematik nur sporadisch von Chinesen, Indern und Arabern weitergebracht. Vom 15. bis zum Ende des 19. Jahrhunderts konzentrierte sich die Entwicklung der Mathematik auf Europa, seit dem 20. Jahrhundert wird sie in allen Teilen der Welt intensiv betrieben.

^ *Der Mathematiker Immanuel Lazarus Fuchs ist auf dem Alten St.-Matthäus-Friedhof in Schöneberg bestattet.*

Mathematisches Leben im wissenschaftlichen Sinn begann in Berlin im Jahre 1700, als der erste bedeutende deutsche Mathematiker, Gottfried Wilhelm Leibniz (1646-1716), die Gründung einer Akademie der Wissenschaften bewirkte und ihre Leitung übernahm. Eine solche Gelehrtenvereinigung dient auch heute noch dem wissenschaftlichen Austausch zwischen ihren Mitgliedern und der Förderung der Forschung. Zu dieser Akademie gesellten sich im Laufe der Zeit zahlreiche weitere mathematisch relevante wissenschaftliche Einrichtungen. Viele bedeutende Personen haben in den letzten 300 Jahren unter sehr unterschiedlichen politischen und gesellschaftlichen Verhältnissen das mathematische Leben der Stadt geprägt. Heute gehört Berlin zur Weltspitze in der Mathematik. Mit den mathematischen Instituten dreier bedeutender Universitäten, zwei außeruniversitären mathematischen Forschungsinstituten, dem DFG-Forschungszentrum »Matheon« sowie der Graduierten-

schule »Berlin Mathematical School« strahlt die Hauptstadt weit über die Landesgrenzen hinaus. Dieses Buch begibt sich auf die Suche nach historischen Spuren von Ereignissen, Orten und Menschen, spannt den Bogen bis zur heutigen Berliner Mathematik und schließt insbesondere auch mathematische Sehenswürdigkeiten mit ein.

Die erste Auflage dieses Buches ist anlässlich des Jahres der Mathematik 2008 entstanden. Weitere Auflagen sind 2011 und 2013 erschienen. Die hier vorliegende Auflage aus dem Jahr 2017 umfasst zahlreiche Änderungen, die sich in den letzten 9 Jahren in der sehr aktiven Berliner Matheszene ergeben haben.

^ *Die mathematische Skulptur »Tetraeder-Subtraktion« des Künstlers Alf Lechner gehört zur Sammlung der Neuen Nationalgalerie.*

DIE GESCHICHTE DER MATHEMATIK IN BERLIN

DIE ANFÄNGE MIT LEIBNIZ UND DER BERLINER SOZIETÄT

Die Geschichte der Mathematik in Berlin begann mit der Gründung der *Kurfürstlich Brandenburgischen Sozietät der Wissenschaften*. Kurfürst Friedrich III. von Brandenburg, Sohn des Großen Kurfürsten, unterzeichnete den Stiftungsbrief am 11. Juli 1700, seinem Geburtstag. Einen Tag später wurde der Universalgelehrte Gottfried Wilhelm Leibniz zum Präsidenten auf Lebenszeit ernannt. Er stand damals in Diensten des Kurfürsten Georg Ludwig von Hannover, der später König George I. von England wurde. Sophie Charlotte (1668-1705), die Schwester Georgs und gleichzeitig Gemahlin des brandenburgischen Kurfürsten, schätzte Leibniz bereits seit ihrer Jugendzeit in Hannover. Die Kurfürstin nahm erheblichen Einfluss auf die Gründung der Sozietät, da sie den geistlosen Prunk am Berliner Hof verachtete und gerne einen intellektuellen Gegenpol schaffen wollte.

Leibniz war einer der renommiertesten Wissenschaftler Europas und – neben dem Engländer Isaac Newton – der bedeutendste Mathematiker jener Zeit. Er war in den Wissenschaftsakademien in England und Frankreich aufgrund seiner mathematischen Leistungen zum Mitglied ernannt worden. Bereits seit seinem 20. Lebensjahr verfolgte er den Gedanken, Akademien zum Wohle der Wissenschaften und der gesamten Menschheit zu gründen und warb in späterer Zeit bei vielen deutschen Landesfürsten für diese Idee. Nur in Berlin gelang ihm die Verwirklichung des Plans. Die Berliner Sozietät vereinte im Gegensatz zu den Gesellschaften in London und Paris von Anfang an Natur- und Geisteswissenschaften und wurde damit zum Vorbild für alle weiteren Akademiegründungen.

< Kurfürstin Sophie Charlotte und Gottfried Wilhelm Leibniz besprechen die Gründung der Sozietät der Wissenschaften in Berlin.

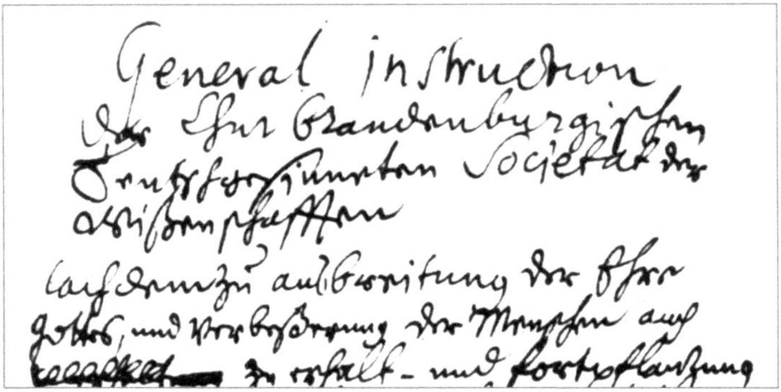
General instruction
der Chur Brandenburgischen
Teutschgesinneten Societät der
Wissenschafften

Leibniz war letztendlich beim brandenburgischen Kurfürsten erfolgreich, weil er die Gründung der Sozietät geschickt mit dem ohnehin geplanten Bau eines Observatoriums verknüpfte, von dem er von Sophie Charlotte erfahren hatte. Anlass für die Einrichtung eines derartigen astronomischen Instituts war die von der »evangelischen Fraktion« 1699 im Reichstag beschlossene Kalenderreform. Seit der Einführung des Gregorianischen Kalenders in den katholischen Ländern im Jahre 1582 war der Datumsunterschied zu den protestantisch regierten deutschen Ländern bereits beträchtlich gewachsen. Die evangelischen Fürsten erkannten die wirtschaftlichen Nachteile von zwei parallelen Kalendern, wollten aber auf keinen Fall die päpstlichen Kalenderberechnungen übernehmen. Brandenburg war das größte protestantische Territorium im deutschen Reich und erklärte sich deshalb aus Prestigegründen trotz fehlender Finanzen bereit, ein Observatorium einzurichten, um zukünftig evangelische astronomische Berechnungen eigenständig durchführen zu können. Im Jahre 1700 ließ man in den protestantisch regierten deutschen Ländern auf den 18. Februar gleich den 1. März folgen. Die anschließenden Berechnungen wurden von den inzwischen ernannten Berliner Astronomen durchgeführt, zunächst in einer privaten Sternwarte, bis das neue Observatorium fertig gestellt war. Es gab weiterhin geringfügige Unterschiede zum Gregorianischen Kalender, die erst von Friedrich dem Großen 1775 abgeschafft wurden. Leibniz verschaffte der Sozietät das Privileg, die brandenburgisch-preußischen Kalender in eigener Verantwortung zu erarbeiten, zu publizieren und zu vertreiben. Die informativen Kalender waren eine beliebte Volkslektüre, verhalfen der Sozietät zu hohem Ansehen und brachten ihr erhebliche finanzielle Einnahmen.

^ *Auszug aus der von G.W. Leibniz verfassten Generalinstruktion vom 11. Juli 1700 zur Gründung der Berliner Akademie.*

Am 18. Januar 1701 fand in Königsberg die Krönung des Kurfürsten Friedrich III. zum König Friedrich I. in Preußen statt, und so wurde aus der Kurfürstlich Brandenburgischen die *Königlich Preußische Sozietät der Wissenschaften*. Mitglieder wurden gewählt und berufen, doch diese investierten nur einen geringen Teil ihrer Zeit und Kraft in die Arbeit der Sozietät. Leibniz hielt sich lediglich sporadisch in Berlin auf, um seine Präsidentschaft wahrzunehmen. Er stand meistens nur in Briefkontakt mit den Mitgliedern der Sozietät. So kam der Schwung der Gründungsphase bald zum Erliegen.

^ *Der Marstall an der Straße Unter den Linden wurde für die Sozietät der Wissenschaften und das Observatorium erweitert.*

Erst 1710 erhielt die Sozietät das schon lange vorbereitete Statut mit einer Aufteilung in vier Klassen, unter denen die mathematische Klasse inklusive Astronomie und Mechanik eine war. Im selben Jahr gelang es auch endlich, den ersten Band der *Miscellanea Berolinensia* mit den in Latein verfassten wissenschaftlichen Abhandlungen der Mitglieder zu veröffentlichen. Zwölf der abgedruckten 60 Beiträge stammten von Leibniz (wobei sich seine Abhandlungen auf diverse Gebiete bezogen, drei davon betrafen mathematische Themen), 37 Arbeiten insgesamt entfielen auf die mathematische Klasse.

Die feierliche Eröffnungsveranstaltung aller Mitglieder der Sozietät fand erst im Januar 1711 statt, was vor allem an den

Verzögerungen beim Bau des Akademiegebäudes lag. Im Laufe desselben Jahres verließ Leibniz Berlin endgültig in Richtung

^ *Der Fries im Treppenhaus der Alten Nationalgalerie zeigt Leibniz bei der Gründung der Berliner Sozietät der Wissenschaften.*

Hannover und kehrte nie wieder in die preußische Hauptstadt zurück.

Nach der Thronbesteigung Friedrich Wilhelms I. im Jahre 1713 geriet die Sozietät in eine schwierige Lage. Der Aufbau einer schlagkräftigen Armee hatte für den Soldatenkönig oberste Priorität; deshalb flossen große Summen aus dem Kalenderprivileg in Wissenschaftszweige mit militärischem Nutzen. Die Mathematik fiel aus königlicher Sicht in diese Kategorie und erhielt weiterhin finanzielle Unterstützung. Die Bedeutung der Sozietät insgesamt schwand jedoch. Die Mitglieder wurden allgemein als die Hofnarren des Königs bezeichnet; es soll auch Mathematiker unter ihnen gegeben haben, die nichts von höherer Mathematik verstanden. Zwischen 1713 und 1740 wurden fünf weitere Bände der Miscellanea publiziert.

ERSTE BLÜTE UNTER FRIEDRICH DEM GROSSEN

Als Friedrich II. im Jahr 1740 den Thron bestieg, befand sich die Sozietät in einem erbärmlichen Zustand; es grenzte fast an ein Wunder, dass sie überhaupt noch existierte. Dem neuen König jedoch war die Bedeutung der Wissenschaft für den Staat bewusst. Er wollte eine »glänzende Gelehrtenrepublik« schaffen und lud deshalb Wissenschaftler von Rang aus ganz Europa ein, nach Berlin zu kommen. Unter den Gelehrten, die der Einladung folgten, waren auch prominente Mathematiker. Auf diese Weise erreichte die Mathematik in Berlin 25 Jahre nach Leibniz' Tod ein hohes, international anerkanntes wissenschaftliches Niveau, das sie fast ein halbes Jahrhundert halten konnte.

Die ersten Mathematiker, die dem Ruf Friedrichs II. folgend in Berlin eintrafen, waren Pierre Louis Moreau de Maupertuis 1740 sowie Leonhard Euler 1741. Der Franzose Maupertuis war ein Schüler Isaac Newtons; bekannt geworden war er durch seinen Nachweis der Erdabplattung an den Polen. Der aus Basel stammende Euler hatte bereits 14 Jahre an der St. Petersburger Akademie geforscht und genoss hohes internationales Ansehen. Nennenswerte deutsche Mathematiker gab es damals kaum.

Die Reorganisation der Sozietät kam in den ersten Jahren wegen der Schlesischen Kriege nur sehr zögerlich voran. Euler war jedoch daran gelegen, die Organisationsstruktur der Sozietät moderner zu gestalten. Als Friedrich II. nicht auf seine Vorschläge eingehen wollte, gründete Euler 1743 kurzerhand eine neue Sozietät. Daraufhin beschloss der König, beide Sozietäten unter dem französischen Namen *Académie Royale des Sciences et Belles Lettres* zu vereinigen. Die feierliche Eröffnungssitzung

der neuen Akademie fand im Januar 1744 statt, allerdings in Abwesenheit des Königs, da es noch keinen Präsidenten gab. Nachdem Friedrich II. Maupertuis im Februar 1746 zum Präsidenten der Akademie ernannt hatte, erhielt die Akademie auch ein neues Statut. In jeder der vier eingerichteten Klassen gab es neben drei Mitgliedern, denen ein Gehalt gezahlt wurde, assoziierte, nicht besoldete Mitglieder. Euler wurde der Direktor der mathematischen Klasse.

Der Präsident hatte große Freiheiten im Hinblick auf Finanzen und Berufungen, neue Mitglieder mussten jedoch vom König genehmigt werden. Friedrich II. und Maupertuis favorisierten Wissenschaftler aus der Schweiz, die im 18. Jahrhundert überall in Europa sehr geschätzt wurden. Fast alle Mathematiker aus der berühmten Wissenschaftlerfamilie Bernoulli aus Basel wurden Mitglieder der Königlichen Akademie und lebten auch zeitweise in Berlin.

Friedrich II. verfügte, dass alle Veröffentlichungen der neuen Akademie in französischer Sprache zu erfolgen hätten. In seiner Regierungszeit war 1743 noch einmal ein Band der Miscellanea in lateinischer Sprache herausgegeben worden. Fünf Abhandlungen in dieser siebten und letzten Publikation der Sozietät waren von Euler verfasst worden. In der neuen französischsprachigen Reihe der Akademie-Abhandlungen, die den Namen *Mémoires* erhielten, wurde viel häufiger publiziert, beinahe jähr-

^ *Auch der Mathematiker Maupertuis (Dritter von links) war zum abendlichen Flötenkonzert Friedrichs des Großen geladen.*

lich kam ein neuer Band heraus. Euler alleine veröffentlichte in seinen Berliner Jahren 121 zum Teil umfangreiche Studien in den Mémoires.

Maupertuis war zwar der Präsident der Akademie, doch ihr wachsender Ruhm war vor allem Euler zu verdanken. Während der 25 Jahre seines Wirkens in Berlin wurde die Mathematik aufgrund der unvergleichlichen Produktivität Eulers zur bedeutendsten Wissenschaft an der Akademie. Friedrich II., der Euler als Wissenschaftler sehr schätzte, hatte die Mathematiker im Allgemeinen allerdings im Verdacht, etwas verdreht zu sein. »Ihr Mathematiker«, sagte er einmal, »erhebt Euch gleich Adlern in die Wolken, aber auch die am Boden kriechenden Tiere haben Verdienste, freilich der Geometrie gegenüber nur untergeordnete.«

Eine von dem Mathematiker Johann Samuel König ausgelöste Auseinandersetzung über das sogenannte »Prinzip der kleinsten Wirkung« führte dazu, dass Maupertuis 1753 gekränkt Berlin verließ. Er blieb jedoch bis zu seinem Tod 1759 Präsident der Akademie. Friedrich II. bemühte sich wiederum um einen französischen Mathematiker als Nachfolger, nämlich Jean-Baptiste le Rond d'Alembert (1717-1783). Dieser lehnte das Angebot zwar ab, beriet den König jedoch häufig in speziellen Angelegenheiten der Akademie und hatte großen Einfluss auf dessen Entscheidungen. Friedrich II. verstand sich nun selber als obersten Schirmherrn der Akademie. Euler wurde mit der verwaltungsmäßigen Leitung der Akademie betraut, ohne gleichzeitig mit dem Präsidentenamt geehrt zu werden.

In der friderizianischen Zeit begann man an der Akademie auch damit, jährlich Preisaufgaben zu stellen, wobei die eigenen Mitglieder von der Bearbeitung ausgeschlossen waren. Solche Preisaufgaben hatten an anderen europäischen Akademien bereits eine längere Tradition, gaben mit ihren Themen den Wissenschaftlern jeweils aktuelle Forschungsrichtungen vor und waren nebenbei eine wichtige Einnahmequelle für die Gewinner. Der von der Königlichen Akademie der Wissenschaften ausgesetzte Preis des Jahres 1763 wurde Moses Mendelssohn zuerkannt für seine Abhandlung über die »Evidenz in Metaphysischen Wissenschaften«. In dieser Schrift stellte er einen Vergleich an zwischen den ewig gültigen, allgemein überzeugenden mathematischen Wahrheiten und den sich häufig schnell überlebenden metaphysischen Erkenntnissen. Moses Mendels-

sohn, der schon in seiner frühen Jugendzeit in Dessau von der Mathematik begeistert war, beschäftigte sich bis an sein Lebensende gerne mit diesem Fach. In einem seiner Werke beschrieb er eindringlich den mathematischen Erkenntnisprozess, der – auch heute noch – mit mühsamen kleinen Schritten beginnt, bis er endlich zum Höhepunkt führt: »Der Mathematiker schwimmt in Wolllust.« Offenbar »vererbte« sich dieses mathematische Gen auf die nächsten Generationen, denn zahlreiche (leibliche und angeheiratete) Mitglieder der weit verzweigten Mendelssohn

^ *Friedrich der Große ernannte Leonhard Euler zum Direktor der Mathematischen Klasse der Akademie in Berlin.*

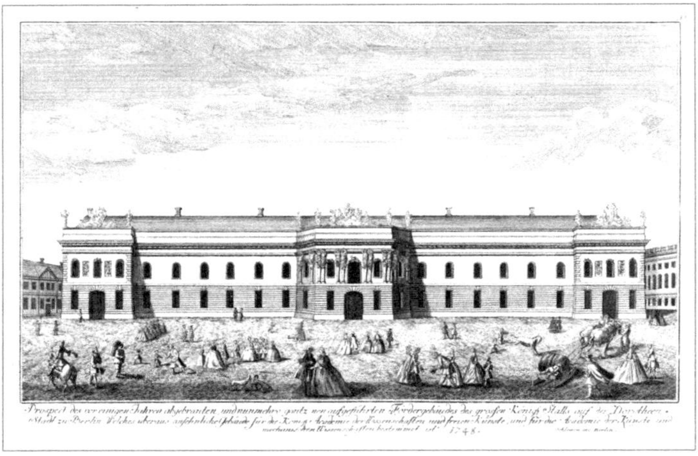

Familie aus dem 19. und 20. Jahrhundert waren erfolgreiche Mathematiker.

Eine Bereicherung für die mathematische Klasse der Akademie war Johann Heinrich Lambert, der 1764 nach Berlin kam, 1765 Mitglied der Akademie wurde und bis zu seinem Tod 1777 in Berlin blieb. In seiner Berliner Zeit veröffentlichte er nicht nur großartige Abhandlungen zur Mathematik, sondern auch grundlegende Schriften zur Philosophie, Physik und Astronomie. Ebenfalls im Jahr 1764 lud Friedrich II. den Schweizer Mathematiker Johann III. Bernoulli nach Berlin ein, um das astronomische Observatorium der Akademie neu zu organisieren. Bernoulli wirkte also vor allem als Astronom in Berlin, beschäftigte sich aber ebenfalls mit mathematischen Themen.

Die Meinungsverschiedenheiten zwischen dem König und Euler wurden im Laufe der Zeit immer größer, so dass dieser schließlich 1766 die Einladung Katharinas der Großen annahm, an die Akademie in Sankt Petersburg zurückzukehren. Sein Nachfolger wurde Joseph Louis Lagrange, der noch im selben Jahr aus Turin nach Berlin übersiedelte. Lagrange war ein bedeutender Mathematiker, der von d'Alembert ins Spiel gebracht worden war und das wissenschaftliche Werk Eulers würdig fortsetzen konnte. Lagrange blieb 21 Jahre in Berlin und erbrachte hier bedeutende mathematische Leistungen. Insgesamt änderte sich jedoch in seiner Zeit die wissenschaftliche Arbeitsweise; das Zeitalter der Universalgelehrten ging zu Ende. Um weitere

^ *Die Akademie der Wissenschaften zog 1752 in das neu errichtete Hauptgebäude Unter den Linden und residierte dort 150 Jahre.*

Fortschritte zu erzielen, war eine Aufspaltung in Einzelfächer unumgänglich.

Nach dem Tod des »Alten Fritz« 1786 war man sowohl am italienischen als auch französischen Hof daran interessiert, Lagrange zu verpflichten. Dieser entschied sich für Paris und verließ Berlin im Mai 1787. Damit endete eine glanzvolle Zeit der Akademie, in der die Mathematik eine besondere Rolle gespielt hatte. Unter den nachfolgenden Königen Friedrich Wilhelm II. (ab 1786) und Friedrich Wilhelm III. (ab 1797) wurden viele deutsche Mitglieder in die Akademie aufgenommen. Das Deutsche

^ *Der französische Mathematiker d'Alembert unterstützte Friedrich II. von Paris aus bei der Leitung der Akademie.*

setzte sich langfristig als vorherrschende Sprache der Akademie durch, auch beim Namen verwendete man nun die deutsche Version *Königliche Akademie der Wissenschaften*, und die Forschungsergebnisse wurden in der *Sammlung der deutschen Abhandlungen* veröffentlicht.

Die Mathematik verlor ebenso wie die Naturwissenschaften in Berlin stark an Bedeutung. Neues Zentrum für diese Fachgebiete wurde Göttingen, das nicht nur eine Akademie, sondern auch eine Universität vorzuweisen hatte. Generell nahmen um 1800 die Geisteswissenschaften überall im Deutschen Reich eine vorherrschende Stellung ein.

»MATHEMATIK IST EIN GEISTREICHER LUXUS.«

Friedrich II.

^ *Der deutsch-jüdische Philosoph Moses Mendelssohn war zeitlebens von mathematischen Themen und Methoden fasziniert.*

DIE ANFÄNGE DER MATHEMATIK AN DER BERLINER UNIVERSITÄT

Im Jahre 1810 wurde die Berliner Universität gegründet, die 1828 den Namen ihres Stifters erhielt: *Friedrich-Wilhelms-Universität.* Die Entstehung einer zweiten bedeutenden wissenschaftlichen Institution neben der Akademie führte jedoch zunächst zu keinem Vorteil für die Mathematik, obwohl von Anfang an großer Wert darauf gelegt wurde, für alle Fächer anerkannte Wissenschaftler zu verpflichten. Die ersten Universitätsjahre brachten aber mit den Berufungen von Johann Gottlieb Fichte und Georg Wilhelm Friedrich Hegel lediglich neuen Schwung für die Philosophie. Das lag nicht an fehlender Wertschätzung des geistigen Vaters der Universität, Wilhelm von Humboldt, für die Mathematik, sondern in erster Linie an den wissenschaftspolitischen Verhältnissen der damaligen Zeit.

Um 1810 wurde die Welt der höheren Mathematik von Frankreich dominiert. Innerhalb der Pariser Stadtmauern lebten mehr hervorragende Mathematiker als im gesamten restlichen Europa. Das war vor allem der 1794 gegründeten Pariser *École Polytechnique* zu verdanken, die für ihre Ingenieur-Ausbildung gleichsam nebenbei erstklassige Mathematiker produzierte, während die Mathematik an den anderen europäischen Universitäten nie eine bedeutende Rolle gespielt hatte. Gleichzeitig ging die Ära der großen internationalen Akademien zu Ende. In den modernen Staaten legte man mehr Wert auf den nationalen Charakter der wissenschaftlichen Vereinigungen.

In dieser Situation versuchten der Geisteswissenschaftler Wilhelm von Humboldt und der Naturwissenschaftler Alexander von Humboldt gemeinsam, Carl Friedrich Gauß, einen der größten Mathematiker aller Zeiten, aus Göttingen nach Berlin zu berufen. Gauß ließ sich jedoch von dem durchaus attraktiven Angebot nicht verlocken und blieb in Göttingen.

Statt Gauß wurde Johann Georg Tralles (1763-1822) erster Mathematik-Professor an der neu gegründeten Universität, nachdem er bereits seit 1804 Mitglied der Akademie der Wissenschaften war. Tralles hatte einen guten Ruf als angewandter Mathematiker. Viele seiner Vorlesungen kamen jedoch nicht zustande, da er es (nach zeitgenössischen Berichten mit Absicht) verstand, die Studenten mit seinen Lehrmethoden abzuschrecken. Wilhelm von Humboldt fand den persönlichen Umgang mit ihm schwierig, konnte ihn aber für sein Anliegen gewinnen, Mathematiklehrer an den höheren Schulen zu fördern. Ab 1821 wirkte Martin Ohm (1792-1872), Bruder des bedeutenden Physikers Georg Simon Ohm, als Dozent sowie ab 1839 als ordentlicher Professor an der Universität. In einem seiner zahlreichen mathematischen Lehrbücher gebrauchte er 1835 zum ersten Mal die Bezeichnung »Goldener Schnitt« für die in der Architektur und Kunst gerne verwendeten harmonischen Streckenverhältnisse. Die Namen der ersten Mathematikprofessoren kennen heute aber nur noch spezialisierte Geschichtsforscher. In den ersten 20 Jahren ihres Bestehens hatte die Berliner Universität ihren Mathematikstudenten nicht viel zu bieten.

Das änderte sich erst, als Alexander von Humboldt 1827 endgültig aus Paris nach Berlin zurückkehrte. Der Naturforscher und Weltreisende machte mit seinen »Kosmos-Vorlesungen« in der Universität und – für ein breiteres Publikum – in der Singakademie die exakten Naturwissenschaften populär. »Berlin muss mit der Zeit ... die erste Schule für transzendente Mathematik besitzen«, so lautete ein wesentliches Ziel seines wissenschaftsorganisatorischen Programms. Seine Anerkennung am königlichen Hof nutzte er, um junge mathematische Talente nach Berlin zu holen. Unterstützt wurde er dabei von dem Mathematiker und Ingenieur August Leopold Crelle, der sich ebenfalls für begabte junge Mathematiker engagierte. Da aber die Lehrstühle bereits mit mittelmäßigen Professoren besetzt waren, mussten sich die kreativen jungen Leute zunächst mit zweitrangigen Stellen begnügen. 1826 leistete Crelle der Mathematik in Deutschland einen weiteren unschätzbaren Dienst, als er eine (auch deutschsprachige) mathematische Zeitschrift

gründete, die sich in kurzer Zeit zu einer der führenden mathematischen Zeitschriften der Welt entwickelte.

Einer der ersten erfolgreichen Mathematik-Studenten an der Berliner Universität war Carl Gustav Jacob Jacobi, der nach seinem Studium 1825 promovierte und sich gleichzeitig habilitierte. Jacobi hielt anschließend nur für kurze Zeit Vorlesungen

^ *Alexander von Humboldt förderte engagiert und erfolgreich die Mathematik in Berlin.*

in Berlin, bevor er einen Ruf an die Universität in Königsberg annahm.

Eine richtungsweisende mathematische Phase in Berlin begann um 1830 mit Peter Gustav Lejeune Dirichlets Ankunft in der preußischen Hauptstadt. Der von Alexander von Humboldt in Paris entdeckte Dirichlet legte mit seinen Lehrveranstaltungen zum ersten Mal ein systematisches Vorlesungskonzept für die Mathematik vor. Er übte einen wesentlichen Einfluss auf einige seiner Studenten aus, die später berühmte Mathematiker wurden, wie Bernhard Riemann, Leopold Kronecker oder Gotthold Eisenstein. 1834 erhielt Dirichlet Unterstützung durch den Schweizer Geometer Jacob Steiner sowie zehn Jahre später durch den engagierten Jacobi, der aus Breslau als der »Hof-Mathematicus« Friedrich Wilhelms IV. nach Berlin zurückkehrte. Diesem Trio brillanter Mathematiker war die zweite mathematische Blüte in Berlin zu verdanken.

Die Gründung der Berliner Universität im Zuge der preußischen Reformen während der Napoleonischen Besatzungszeit bedeutete auch eine gewaltige Umstellung für die Akademie. Alexander von Humboldt, der 1805 ordentliches Mitglied geworden war, hatte noch 1806 geurteilt: »Die Akademie gleicht einem Hospital, in dem die Kranken besser schlafen als die Gesunden.« Obwohl man kurz danach mit einem Reformkonzept begann, erhielt die nunmehr *Königlich Preußische Akademie der Wissenschaften zu Berlin* genannte Institution erst im Jahr 1812 eine neue Satzung. Jede Klasse wurde von einem auf Lebenszeit ernannten »Sekretar« geleitet; die Sekretare wechselten sich turnusmäßig in der Gesamtleitung der Akademie ab. Bei der Wahl neuer Mitglieder war die Akademie weitgehend unabhängig. Die Abgrenzung zur Universität war schwierig, da sich

^ *Dem Mathematiker Martin Ohm gehörte das Grundstück Nr. 2 in der Ohmgasse, die von 1827 bis 1895 Vorläufer dieser Straße war.*

diese nach dem von Wilhelm von Humboldt entwickelten modernen Bildungsprinzip nicht nur der Lehre widmen, sondern ebenso in der Forschung aktiv werden sollte. Daraus resultierte eine enge personelle Verflechtung zwischen der Universität und der Akademie: Fast alle Professoren an der Universität gehörten ebenfalls der Akademie an und die reinen Akademiemitglieder hielten auch Vorlesungen an der Universität. Da der durch die Kriegslasten beeinträchtige preußische Staat keine Sondereinrichtungen an der neu gegründeten Universität finanzieren konnte, musste die Akademie ihre eigenen Sammlungen und Institute (wie Observatorium, Botanischer Garten, naturwissenschaftliche Laboratorien) den Forschern an der Universität zur Verfügung stellen. Nachdem ihr Ende 1809 das Kalenderprivileg entzogen worden war, flossen die Gelder für die Akademie nun unmittelbar aus dem Staatshaushalt.

In einem weiteren Akademie-Statut von 1838 wurde beschlossen, die bisherigen vier Klassen auf zwei zu reduzieren, von denen die mathematisch-physikalische eine war. Die Akademie verstand sich weiterhin als »Gelehrtenclub«, in dem auch Forschung betrieben wurde. Als Aufgaben im neuen wissenschaftlichen Profil der Akademie wurden vor allem aufwändige langfristige Unternehmungen gewählt, die sich nicht mit denen der Universität überschnitten. So wurden zum Beispiel in der zweiten Hälfte des 19. Jahrhunderts die Werke der Mathematiker Dirichlet, Jacobi und Steiner ediert.

^ *Das Bild zeigt die Berliner Universität Unter den Linden in den 1850er Jahren mit dem Reiterstandbild Friedrichs des Großen.*

Das Gründungsjahr der Universität hatte auch eine weitreichende Bedeutung für die höheren Schulen, da es als Geburtsjahr des deutschen Oberlehrerstandes angesehen werden kann. Nachdem 1798 in Preußen das Abitur eingeführt wurde, wurde 1810 die erste deutsche Prüfungsordnung für das Lehramt an höheren Schulen in Kraft gesetzt.

^ *Alexander von Humboldt machte mit seinen Kosmos-Vorlesungen in der Berliner Universität die Naturwissenschaften populär.*

DAS GOLDENE ZEITALTER DER MATHEMATIK

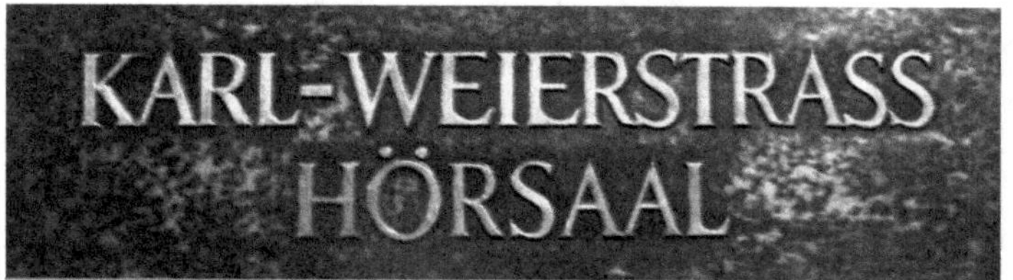

Das Jahr 1855 löste mit dem Tod von Gauß in Göttingen auch im mathematischen Berlin eine Reihe von Veränderungen aus. Dirichlet wurde zu Gauß' Nachfolger ernannt und verließ Berlin. Aufgrund seiner Empfehlung wurde der ehemalige Oberlehrer und Breslauer Mathematik-Professor Ernst Eduard Kummer auf den freien Lehrstuhl berufen. Dieser wollte gerne den 41-jährigen Gymnasiallehrer Karl Weierstraß, der erst zwei Jahre vorher durch geniale Forschungsergebnisse in Erscheinung getreten war, als Kollegen nach Berlin holen. Da Weierstraß zugleich als Spitzenkandidat für Kummers Nachfolge in Breslau galt, empfahl Kummer einen seiner früheren Studenten für den dortigen Lehrstuhl. Der strategische Plan glückte, und Weierstraß wurde 1856 nach Berlin berufen. Ein weiterer Wunschpartner Kummers, nämlich Leopold Kronecker, war bereits 1855 als Privatgelehrter nach Berlin übersiedelt. Kurz nach dem Erscheinen dieser drei gelehrten Herren in Berlin brach das goldene Zeitalter der Mathematik in der preußischen Hauptstadt an, das mehr als drei Jahrzehnte fortbestehen sollte. Berlin verdrängte nicht nur innerhalb des deutschen Raumes Göttingen vom ersten Platz, sondern wurde das Zentrum der gesamten mathematischen Welt. Junge Mathematiker aus ganz Europa kamen nach Berlin, um hier zu studieren, da sowohl die Forschung als auch die Lehre erstklassig waren. Hätte irgendjemand 1810 bei der Gründung der Universität prophezeit, dass innerhalb eines halben Jahrhunderts die Berliner Mathematiker ihre französischen Kollegen überflügeln würden und dass die Berliner Universität die Pariser École Polytechnique als vorrangigen Ausbildungsort

^ *Der Hörsaal Nr. 3038 in der dritten Etage des HU-Hauptgebäudes Unter den Linden ist nach Karl Weierstraß benannt.*

für junge Mathematiker ablösen würde, hätte man diese Idee für völlig absurd gehalten.

Die Mathematik-Vorlesungen an der Berliner Universität erhielten durch Kummer, Weierstraß und Kronecker eine ganz neue Qualität. Alle drei trugen ihre neuesten Forschungsergebnisse vor, und insbesondere Weierstraß freute sich regelrecht, wenn diese von den Studenten aufgegriffen und weiterverarbeitet wurden. Die Lehrveranstaltungen wurden koordiniert, so dass die Studenten innerhalb von zwei Jahren alle Grundvorlesungen belegen konnten. Die Zahl der Mathematikstudenten nahm in dieser Zeit stetig zu. Keine andere deutsche Universität hatte im Fach Mathematik so große Hörerzahlen aufzuweisen wie sie vor allem bei Kummer und Weierstraß die Regel waren. Es waren manchmal so viele, dass selbst das Auditorium Maximum sie nicht fassen konnte. Viele Studenten kamen nach Abschluss ihres eigentlichen Studiums nach Berlin, um weitere Vorlesungen bei den Berliner Superstars zu hören, andere waren sogar schon promoviert oder Dozenten. Da Kronecker vor 1883 kein Universitätsprofessor sondern nur lesendes Akademiemitglied war, war seine Dozentenrolle anfangs weniger dominierend.

Das nachhaltigste Ereignis für die Mathematik an der Universität in jener Zeit war die Gründung des *Mathematischen Seminars* im Jahre 1861 durch Kummer und Weierstraß. Wer von beiden zuerst auf die Idee gekommen ist, lässt sich heute nicht mehr eindeutig klären. Einige wenige Vorbilder dafür existierten nicht nur an Universitäten in anderen Städten, sondern es gab in Berlin selber seit 1855 eine zumindest vergleichbare Einrichtung, nämlich das *mathematisch-pädagogische Seminar* am Friedrich-Wilhelm-Gymnasium zur Ausbildung von ange-

^ *Dem Tafelbild nach zu urteilen beschäftigt man sich im Weierstraß-Hörsaal weiterhin mit mathematischen Themen.*

henden Lehrern in der Unterrichtspraxis. Dieses Seminar war auf Initiative des leidenschaftlichen Mathematikdidaktikers Karl Schellbach (1804-1892), der als Sprecher aller Mathematiklehrer in Preußen galt, geschaffen worden und wurde von ihm geleitet. Das Seminar genoss einen ausgezeichneten Ruf; auch junge Mathematiker wie Lazarus Fuchs oder Georg Cantor, die später Universitätslaufbahnen einschlugen, nahmen daran teil. Schellbach spielte eine besondere Rolle, da er als ehemaliger Mathematiklehrer des Prinzen Friedrich Wilhelm (dem späteren Kaiser Friedrich III.) von diesem zeitlebens anerkannt und unterstützt wurde. Kummer und Weierstraß setzten sich mit ihrem Seminar deutlich von dem pädagogischen Vorgängermodell ab, indem sie den wissenschaftlichen Charakter ihres Konzeptes betonten. Das Mathematische Seminar war dann auch eine völlig innovative Einrichtung, gezielt auf die besten, handverlesenen, fortgeschrittenen Studenten ausgerichtet. Hier wurden nicht nur die Vorlesungsinhalte durch zusätzliche Übungen vertieft, sondern vor allem Anleitungen zum selbständigen Arbeiten gegeben. Es war das erste Seminar an einer deutschen Universität, in dem man sich nur der reinen höheren Mathematik widmete. Eine eigene Bibliothek wurde eingerichtet, und in den ersten 20 Jahren erhielten die Studenten sogar Geldprämien für die besonders gute Bearbeitung von Preisaufgaben. Zahlreiche Absolventen des mathematischen Seminars wurden später Professoren an deutschen höheren Bildungseinrichtungen, und fast

^ *Das Bild zeigt den an die Universität angrenzenden Flügel des Akademiegebäudes Unter den Linden Ende des 19. Jahrhunderts.*

»AUCH DIE GEISTIG ARMEN SOLLTEN TEIL HABEN AN DEM HIMMELREICH.«

alle freien Stellen für Mathematikprofessoren an preußischen Universitäten wurden mit Absolventen des Berliner Seminars besetzt.

Berlin wurde nach der Gründung des Deutschen Kaiserreiches 1871 das führende mathematische Forschungszentrum in Deutschland, wobei Weierstraß als die einflussreichste Person angesehen werden kann. Kummer war auch ein fürsorglicher und glänzender Lehrer, wirkte jedoch in seiner nüchternen Art nicht so charismatisch wie Weierstraß. Zu Weierstraß' berühmtesten Schülern, die später selber mathematische Karrieren machten, gehörten Georg Cantor, Georg Frobenius, Hermann Minkowski, Gösta Mittag-Leffler, Hermann Amandus Schwarz und viele andere. Eine besondere Beziehung hatte Weierstraß zu Sofja Kovalevskaja. Da sie als Frau die Universitätsveranstaltungen nicht besuchen durfte, erteilte er ihr Privatunterricht. Seinem Einfluss ist es zu verdanken, dass sie promoviert und später sogar Professorin wurde.

Als Kummer sich 1883 in den Ruhestand zurückzog, trat die bereits seit einigen Jahren bestehende Entfremdung zwischen Weierstraß und Kronecker noch stärker in Erscheinung, wofür es sowohl persönliche als auch wissenschaftliche Gründe gab. Weierstraß litt so stark unter den Spannungen, dass er ernst-

^ *Der Mathematikdidaktiker Karl Schellbach hatte weitgehende pädagogische Ambitionen.*

»ICH LIEBE MATHEMATIK...«

haft überlegte, Berlin zu verlassen. Er war zwar berühmter als Kronecker, konnte aber als kränklicher, alter Mann nicht mehr Schritt halten mit seinem ehrgeizigen Kollegen und befürchtete sogar die Zerstörung seines Lebenswerkes. Die Zerwürfnisse ließen nichts Gutes ahnen für die Zukunft der Mathematik in Berlin. Nachdem Kronecker 1891 verstorben war, endete die goldene mathematische Ära im Jahr 1892 mit der Emeritierung von Weierstraß.

^ *Victoria, Gattin des späteren Kaisers Friedrich III., hatte die Mathematik in ihrer britischen Heimat schätzen gelernt.*

DIE MATHEMATISCHE INTERIMSZEIT

Da die »Berliner Schule« inzwischen viele ausgezeichnete Mathematiker hervorgebracht hatte, war die Neubesetzung der Stellen des Dreigestirns kein Problem. Nach Kummers Emeritierung 1883 wurde Kronecker als dessen Nachfolger zum ordentlichen Professor an der Berliner Universität ernannt. Kurze Zeit später wurde eine dritte ordentliche Professur geschaffen, die mit Lazarus Fuchs besetzt werden konnte. Fuchs hatte sich bereits acht Jahre lang gut in seine Stelle einarbeiten können, als – fast gleichzeitig – Georg Frobenius Nachfolger von Kronecker und Hermann Amandus Schwarz Nachfolger von Weierstraß wurden. Alle drei Mathematiker der neuen Ära sahen ihr Hauptziel darin, die bewährte Berliner Tradition aufrecht zu erhalten. Frobenius kann dabei als der bedeutendste der drei Wissenschaftler und organisatorisch als die dominierende Person angesehen werden.

Die Vorlesungen von Fuchs, Schwarz und Frobenius galten als solide und gut verständlich. Daher stieg die Anzahl der Mathematikstudenten weiterhin ständig, doch es fanden immer weniger Promotionen statt. Viele Studenten blieben nicht in Berlin, sondern gingen nach Göttingen, wie zum Beispiel Erhard Schmidt und Constantin Carathéodory, um zu promovieren, da das dortige Institut als fortschrittlicher galt.

Die Mathematik in ganz Deutschland genoss damals einen guten Ruf, aber zwischen 1900 und 1933 lag der mathematische Schwerpunkt eindeutig erneut in Göttingen. Zu verdanken war das Friedrich Althoff, dem allmächtigen leitenden Ministerialdirektor im preußischen Kultusministerium, sowie dem mit ihm

eng befreundeten einflussreichen Göttinger Mathematikprofessor Felix Klein, die mit vereinten Kräften die Göttinger Universität zum weltweit wichtigsten Zentrum der Mathematik und Naturwissenschaften ausbauten. Gemäß Althoffs Reformprogramm für die preußischen Universitäten sollten in Berlin dagegen die Altertums- und Geschichtswissenschaften dominieren.

Als Fuchs 1902 plötzlich starb und ein Nachfolger gesucht wurde, konnte der Wunschkandidat der mathematischen Fakultät und Freund von Frobenius, Friedrich Schottky, aufgrund von Althoffs Einwänden erst in einem zweiten Anlauf berufen werden. Man hätte jedoch besser mehr auf Althoff und weniger auf

^ *Der preußische Kulturpolitiker Friedrich Althoff nahm großen Einfluss auf die Entwicklung der Mathematik in Preußen.*

Frobenius hören sollen, denn mit Schottkys Berufung trat Berlin weiter hinter Göttingen zurück, da er zwar ein ausgezeichneter Wissenschaftler, aber eher weltfremd und als Lehrer ungeeignet war.

Zwei hervorragende Mathematik-Absolventen in dieser Zeit waren Edmund Landau und Issai Schur, die beide in Berlin promovierten, sich habilitierten und anschließend einige Jahre als Privatdozenten an der Universität wirkten, bevor sie an andere Universitäten berufen wurden. Im Ersten Weltkrieg gab es aufgrund der politischen Ereignisse einen erheblichen Dozentenmangel. Immerhin konnte Schur 1916 als außerordentlicher Professor nach Berlin zurückgeholt werden. 1917 waren dann wieder einmal fast gleichzeitig zwei Lehrstühle neu zu besetzen, da Schwarz sich emeritieren ließ und Frobenius starb. Erhard Schmidt wurde noch im selben Jahr zum Nachfolger von Schwarz ernannt.

Die Akademie besaß in der Kaiserzeit einen besonders hohen Stellenwert. Bereits unter Wilhelm I. erhielt sie eine höhere finanzielle Unterstützung. Eine ihrer umfangreichsten Aufgaben unter Wilhelm II. wurde die Herausgabe der gesammelten Werke von Karl Weierstraß. Das 200jährige Bestehen der Akademie im Jahr 1900 wurde mit einem Festakt im Schloss begangen.

^ *Der berühmte Berliner Maler Max Liebermann porträtierte den bedeutenden Göttinger Mathematikprofessor Felix Klein.*

MATHEMATISCHER NEUSTART NACH DEM ERSTEN WELTKRIEG

Berlin ist heute noch berühmt für die Goldenen Zwanziger Jahre. Dabei denkt man zunächst an aufsehenerregende Theateraufführungen und freche Kabarettvorstellungen. Die deutsche Hauptstadt war aber damals außerdem ein Zentrum der exakten Wissenschaften, in dem auch die Mathematik wieder eine starke Position einnehmen konnte.

Im Jahr 1918 wurde Erhard Schmidts Studienfreund Constantin Carathéodory an die Friedrich-Wilhelms-Universität berufen; er blieb jedoch nur kurze Zeit. Die beiden anderen ordentlichen Professoren für reine Mathematik in der Zeit zwischen den beiden Weltkriegen waren Ludwig Bieberbach (aus der Göttinger Schule) und Issai Schur. Auf Betreiben Schmidts wurde außerdem 1920 an der Berliner Universität ein Institut für Angewandte Mathematik mit einem eigenen Lehrstuhl eingerichtet. Richard von Mises erhielt diesen Lehrstuhl und wurde gleichzeitig Direktor des neuen Instituts. Ihm verdankte Berlin die erste exzellente »Schule« für Angewandte Mathematik, die bald eine Führungsrolle innerhalb Deutschlands einnahm.

So war es in den 1920er Jahren zur Abwechslung mal ein Quartett von bedeutenden Wissenschaftlern, das die Mathematik in Berlin zu einer erneuten Blüte führte. Die glückliche Zusammensetzung des Lehrkörpers lockte eine große Zahl von Mathematikstudenten nach Berlin. Viele berühmte Mathematiker begannen ihre Laufbahn wieder an der Berliner Universität, wie z.B. Johann von Neumann oder Hans Freudenthal.

Ein Berliner der 1920er Jahre, der selbst kein Mathematiker war, sich aber um die Mathematik sehr verdient machte, war der Verleger Ferdinand Springer. Er erkannte die wachsende Bedeutung der Mathematik für alle Fachgebiete und gründete die »Gelbe Reihe«, eine noch heute bestehende Serie mathematischer Fachbücher höchster Qualität. Auch die 1931 gegründete Referate-Zeitschrift *Zentralblatt für Mathematik* des Springer-Verlags existiert weiterhin. Sie klassifiziert die gesamte neu erscheinende Mathematikliteratur, bewertet diese und leistet so unschätzbare Dienste bei der Orientierung im »Dschungel« der mathematischen Publikationen.

Die Siegermächte hatten nach dem Ersten Weltkrieg im Friedensvertrag von Versailles 1919 einen allgemeinen Wissenschaftsboykott gegen Deutschland durchgesetzt. Das bedeutete, dass deutsche Gelehrte fast ein Jahrzehnt lang von offiziellen internationalen Kontakten ausgeschlossen waren. Deutsche Mathematiker durften in den Jahren 1920 und 1924 nicht an den bedeutenden alle vier Jahre stattfindenden Internationalen Mathematikerkongressen (International Congress of Mathematicians, ICM) teilnehmen. Sie waren zwar zu dem ICM 1928 in Bologna wieder zugelassen, einige lehnten aber eine Teilnahme aus verletztem nationalem Stolz ab; von den Berliner Mathematikern nahm niemand teil.

Die neue politische Situation in Deutschland nach dem Ende der Monarchie bedeutete auch für die Akademie einmal mehr eine Umorientierung. Sie erhielt nun den Namen *Preußische Akademie der Wissenschaften*. Über ihre Satzung wurde in der Zeit der Weimarer Republik oft diskutiert, sie wurde aber nicht wesentlich verändert.

Problematisch war nach Kriegsende vor allem die finanzielle Sicherung der Forschungsvorhaben in Deutschland. Deshalb wurde 1920 in Berlin die »Notgemeinschaft der Deutschen Wissenschaft« gegründet, die 1929 in »Deutsche Gemeinschaft zur Erhaltung und Förderung der Forschung« umbenannt wurde. Die Organisation erhielt Zuwendungen von deutschen und amerikanischen Finanzkreisen (z.B. Rockefeller-Foundation). Eines der hierdurch geförderten Projekte war die Enzyklopädie der mathematischen Wissenschaften. Nach dem Zweiten Weltkrieg entstanden in Nachfolge dieser Förderorganisation zwei Institutionen, aus denen dann 1951 die Deutsche Forschungsgemeinschaft (DFG) mit Sitz in Bonn hervorging, die 1990 die Förderarbeit auf das Gebiet des vereinten Deutschland ausdehnte. Die DFG ist heute die wichtigste Forschungsförderungsorganisation in Deutschland.

MATHEMATIK IM NATIONALSOZIALISMUS

Für Adolf Hitler, der am 30. Januar 1933 zum Reichskanzler ernannt wurde, stellte die Mathematik nur eine untergeordnete Wissenschaft dar. Auch dem schulischen Mathematik-Unterricht sollte seiner Ansicht nach keine allzu große Bedeutung beigemessen werden, was er bereits in seinem Buch »Mein Kampf« folgendermaßen formulierte: »... das jugendliche Gehirn (soll) im allgemeinen nicht mit Dingen belastet werden, die es zu fünfundneunzig Prozent nicht braucht und daher wieder vergisst.« Dennoch wurde im nationalsozialistisch geprägten Schulunterricht auch die Mathematik zu Propagandazwecken missbraucht.

Besonders verhängnisvoll für das wissenschaftliche Leben war das am 7. April 1933 erlassene *Gesetz zur Wiederherstellung des Berufsbeamtentums*. Nach §3 waren Beamte nicht-arischer Abstammung in den Ruhestand zu versetzen. Ausnahmen waren z.B. ehemalige Frontkämpfer oder Beamte, die schon vor dem Ersten Weltkrieg im Dienst waren. Auch in Berlin waren viele Hochschullehrer von diesem Gesetz betroffen. Die erste Entlassungswelle richtete sich verstärkt gegen jüdische Mathematiker, die politisch in liberalen oder linken Parteien aktiv waren. Zudem emigrierten viele nicht-jüdische Mathematiker aus diesem politischen Spektrum. Die Berliner Universität verlor insgesamt etwa ein Drittel ihres Lehrkörpers. Hitler soll sich in einem Gespräch mit Max Planck folgendermaßen dazu geäußert haben: »Wenn die Entlassung jüdischer Wissenschaftler die Vernichtung der zeitgenössischen deutschen Wissenschaft bedeutet, dann werden wir eben einige Jahre lang ohne Wissenschaft auskommen.« Überdies wurden nicht-arische Studenten immer

1) Zeichne in einen gegebenen Kreis mit acht Zentimeter Durchmesser ein Hakenkreuz, dessen Balken ebenso wie die weißen Zwischenräume je einen Zentimeter breit sind.

2) Nach vorsichtigen Schätzungen sind in Deutschland 300 000 Geisteskranke, Epileptiker usw. in Irrenanstalten untergebracht. Was kosten diese jährlich insgesamt bei einem Tagessatz von 4 RM? Wie viele Ehestandsdarlehen zu je 1 000 RM könnten – unter Verzicht auf spätere Rückzahlung – von diesem Geld jährlich ausgegeben werden?

3) Am 28. September 1937 waren 450 000 Personen auf dem Berliner Maifeld und 150 000 im Olympiastadion zusammengeströmt, um den Führer und Mussolini sprechen zu hören. Für die Heimkehr der Menschenmengen rechnete man, daß die Hälfte zu Fuß gehen würde, 10 000 mit eigenen Kraftfahrzeugen fahren würden und der Rest mit öffentlichen Verkehrsmitteln. Wie viele Personen mußten Reichsbahn und Berliner Verkehrsbetriebe zusammen stündlich befördern, wenn für die Rückbeförderung vier Stunden angesetzt wurden?

stärkeren Einschränkungen unterworfen, so dass die Studentenzahlen ebenfalls deutlich sanken.

Unter den Berliner Mathematikern war der zwar konvertierte, aber jüdisch-stämmige Richard von Mises der erste, der emigrierte. Ende 1933 ging er an die reformierte Universität in Istanbul, zusammen mit seiner Assistentin Hilda Geiringer, die bereits im Sommer desselben Jahres entlassen worden war. Von Mises war eigentlich von der Rasse-Klausel des Beamtengesetzes ausgenommen, da er schon vor August 1914 Beamter geworden war. Er legte sein Amt aber freiwillig nieder, da er den Verlust seiner Mitarbeiter am Institut nicht ertragen konnte und von den nationalsozialistischen Politikern noch größeres Unheil befürchtete. Strengere Gesetze im Herbst 1935 hätten ihn dann auch seine Stelle gekostet.

Der jüdische Mathematiker Issai Schur wurde im Sommer 1933 vorübergehend beurlaubt, obwohl auch er bereits vor dem Ersten Weltkrieg Beamter gewesen war. Diese Beurlaubung

^ *Die mathematischen Aufgaben mit Bezug zum Nationalsozialismus stammen aus einem Schulbuch des Dritten Reiches.*

NATIONALBIBLIOTHEK
Zeitschriftensaal.

175

Reichsgesetzblatt

Teil I

1933	Ausgegeben zu Berlin, den 7. April 1933	Nr. 34

Inhalt: Gesetz zur Wiederherstellung des Berufsbeamtentums. Vom 7. April 1933 .... S. 175

Gesetz zur Wiederherstellung des Berufsbeamtentums. Vom 7. April 1933.

Die Reichsregierung hat das folgende Gesetz beschlossen, das hiermit verkündet wird:

§ 1

(1) Zur Wiederherstellung eines nationalen Berufsbeamtentums und zur Vereinfachung der Verwaltung können Beamte nach Maßgabe der folgenden Bestimmungen aus dem Amt entlassen werden, auch wenn die nach dem geltenden Recht hierfür erforderlichen Voraussetzungen nicht vorliegen.

(2) Als Beamte im Sinne dieses Gesetzes gelten unmittelbare und mittelbare Beamte des Reichs, unmittelbare und mittelbare Beamte der Länder und Beamte der Gemeinden und Gemeindeverbände, Beamte von Körperschaften des öffentlichen Rechts sowie diesen gleichgestellten Einrichtungen und Unternehmungen (Dritte Verordnung des Reichspräsidenten zur Sicherung der Wirtschaft und Finanzen vom 6. Oktober 1931 — Reichsgesetzbl. I S. 537 —, Dritter Teil Kapitel V Abschnitt I § 15 Abs. 1). Die Vorschriften finden auch Anwendung auf Bedienstete der Träger der Sozialversicherung, welche die Rechte und Pflichten der Beamten haben.

(3) Beamte im Sinne dieses Gesetzes sind auch Beamte im einstweiligen Ruhestand.

(4) Die Reichsbank und die Deutsche Reichsbahn-Gesellschaft werden ermächtigt, entsprechende Anordnungen zu treffen.

§ 2

(1) Beamte, die seit dem 9. November 1918 in das Beamtenverhältnis eingetreten sind, ohne die für ihre Laufbahn vorgeschriebene oder übliche Vorbildung oder sonstige Eignung zu besitzen, sind aus dem Dienste zu entlassen. Auf die Dauer von drei Monaten nach der Entlassung werden ihnen ihre bisherigen Bezüge belassen.

(2) Ein Anspruch auf Wartegeld, Ruhegeld oder Hinterbliebenenversorgung und auf Weiterführung der Amtsbezeichnung, des Titels, der Dienstkleidung und der Dienstabzeichen steht ihnen nicht zu.

(3) Im Falle der Bedürftigkeit kann ihnen, besonders wenn sie für mittellose Angehörige sorgen, eine jederzeit widerrufliche Rente bis zu einem Drittel des jeweiligen Grundgehalts der von ihnen zuletzt bekleideten Stelle bewilligt werden; eine Nachversicherung nach Maßgabe der reichsgesetzlichen Sozialversicherung findet nicht statt.

(4) Die Vorschriften der Abs. 2 und 3 finden auf Personen der im Abs. 1 bezeichneten Art, die bereits vor dem Inkrafttreten dieses Gesetzes in den Ruhestand getreten sind, entsprechende Anwendung.

§ 3

(1) Beamte, die nicht arischer Abstammung sind, sind in den Ruhestand (§§ 8 ff.) zu versetzen; soweit es sich um Ehrenbeamte handelt, sind sie aus dem Amtsverhältnis zu entlassen.

(2) Abs. 1 gilt nicht für Beamte, die bereits seit dem 1. August 1914 Beamte gewesen sind oder die im Weltkrieg an der Front für das Deutsche Reich oder für seine Verbündeten gekämpft haben oder deren Väter oder Söhne im Weltkrieg gefallen sind. Weitere Ausnahmen können der Reichsminister des Innern im Einvernehmen mit dem zuständigen Fachminister oder die obersten Landesbehörden für Beamte im Ausland zulassen.

§ 4

Beamte, die nach ihrer bisherigen politischen Betätigung nicht die Gewähr dafür bieten, daß sie jederzeit rückhaltlos für den nationalen Staat eintreten, können aus dem Dienst entlassen werden. Auf die Dauer von drei Monaten nach der Entlassung werden ihnen ihre bisherigen Bezüge belassen. Von dieser Zeit an erhalten sie drei Viertel des Ruhegeldes (§ 8) und entsprechende Hinterbliebenenversorgung.

§ 5

(1) Jeder Beamte muß sich die Versetzung in ein anderes Amt derselben oder einer gleichwertigen Laufbahn, auch in ein solches von geringerem Rang und planmäßigem Diensteinkommen — unter Vergütung der vorschriftsmäßigen Umzugskosten — gefallen lassen, wenn es das dienstliche Bedürfnis erfordert. Bei Versetzung in ein Amt von geringerem Rang und planmäßigem Diensteinkommen behält der Beamte seine bisherige Amtsbezeichnung und das Diensteinkommen der bisherigen Stelle.

(Vierzehnter Tag nach Ablauf des Ausgabetags: 21. April 1933)
Reichsgesetzbl. 1933 I

51

wurde zwar im Oktober auf Drängen seiner Kollegen wieder rückgängig gemacht, er wurde jedoch 1935 vorzeitig emeritiert und 1938 auch aus der Preußischen Akademie der Wissenschaften ausgeschlossen. 1939 gelang es ihm, nach Palästina zu emigrieren. Ein besonders tragisches Schicksal traf Robert Remak, der im Konzentrationslager Auschwitz ums Leben kam.

Die im Amt verbliebenen jüdischen Professoren wurden oft durch sogenannte Studentenstreiks daran gehindert, ihre Vorlesungen weiter abzuhalten. So kam es zu Beginn des Wintersemes-

^ *Das 1933 erlassene »Gesetz zur Wiederherstellung des Berufsbeamtentums« betraf auch viele Berliner Mathematiker.*

ters 1933/34 in Göttingen zu einem Boykott der Veranstaltung des aus Berlin stammenden Edmund Landau. Als Begründung wurde der Schutz deutscher Studenten vor jüdischer Lehre und jüdischen Lehrern angegeben. Nach dem Boykott trat Landau von seinem Lehrstuhl zurück, gab sein Haus in Göttingen auf und kehrte in seine Heimatstadt Berlin zurück, wo er 1938 verstarb.

Kurz nach dem Boykott beglückwünschte der Berliner Mathematiker Ludwig Bieberbach die Göttinger Studenten zu ihrer mannhaften Aktion gegen Landau. Besonders schockierend war dabei, dass Bieberbach vor dem Sommer 1933 zwar bekanntermaßen nationalistisch gesonnen, aber nie mit antisemitischen Tendenzen in Verbindung gebracht worden war. Er war ein fähiger und geachteter Mathematiker und hatte eng mit seinen jüdischen Kollegen wie von Mises oder Schur zusammengearbeitet. Bieberbach selber hielt im Wintersemester 1933/34 ein Seminar, in dem er große deutsche Mathematiker unter rassentheoretischen Aspekten einteilte, auf der Grundlage der damals populären Typologie des Marburger Psychologen Erich Rudolf Jaensch. Er nahm weiterhin eine Unterteilung in arische und jüdische Mathematik vor, wobei die moderne, analytisch-abstrakte Mathematik von ihm als typisch jüdisch abgelehnt wurde. Er propagierte die anschaulich-geometrische und angewandte »Deutsche Mathematik« und entwickelte sich zur führenden Person in der Mathematikergruppe jener Zeit. Die meisten von ihnen waren SA-Mitglieder; Bieberbach erschien auch zu Prüfungen gelegentlich in SA-Uniform.

^ *Das Akademiegebäude Unter den Linden präsentierte sich in der Zeit des Nationalsozialismus mit Hakenkreuzfahnen.*

Der politisch wichtigste Vertreter der nationalsozialistischen Mathematik war der aus Wien stammende Theodor Vahlen (1869-1945). Schon in seiner Zeit als Rektor der Universität Greifswald bekannte er sich 1923 zum Nationalsozialismus. Er wurde 1927 aus seinem Amt als Professor in Greifswald entlassen, fand jedoch ab 1930 wieder eine Stelle an der Technischen Hochschule in Wien. Nach der Machtübernahme der Nazis erhielt er seinen Greifswalder Lehrstuhl zurück, blieb dort aber nicht lange. Er wurde 1934 ordentlicher Professor an der Universität Berlin und Nachfolger von Mises als Direktor des Instituts für Angewandte Mathematik, bis er 1937 emeritiert wurde. Vahlen gründete zusammen mit Bieberbach eine neue Zeitschrift »Deutsche Mathematik«, in der sowohl hochrangige Forschungsergebnisse als auch ideologische Schmähschriften publiziert wurden. Die Zeitschrift erschien von 1936 bis 1943.

Die Regierungsübernahme der Nationalsozialisten hatte für die Akademie der Wissenschaften zunächst deutlich weniger gravierende Auswirkungen als für die Universität. Erst 1938 wurde der Akademieleitung empfohlen, nicht-arische Mitglieder auszuschließen. Dafür wurden verstärkt bekennende Nationalsozialisten aufgenommen. Vahlen wurde dabei wegen seiner geringen wissenschaftlichen Bedeutung erst im zweiten Wahlgang akzeptiert; der letzte in die Preußische Akademie aufgenommene Mathematiker war Georg Hamel im Jahr 1939. Außerdem wünschte man nun von staatlicher Seite eine Änderung der Verwaltungsstruktur. Seit 1759 hatte es in der Akademie der Wissenschaften keine Präsidenten-Stelle mehr gegeben; der Vorsitz wurde abwechselnd von den gleichberechtigten Sekretaren der Klassen wahrgenommen. Nun sollte auch an der Akademie das »Führerprinzip« eingeführt werden. Der von Regierungsseite gewünschte Kandidat Vahlen wurde in zwei Wahlgängen von den Akademiemitgliedern nicht akzeptiert. Dennoch wurde er 1939 von der Regierung als (kommissarischer) Präsident eingesetzt.

Der Mathematiker Theodor Vahlen war ein Vertreter der antisemitischen »Deutschen Mathematik«. ^

MATHEMATIK AN FACHAKADEMIEN UND AN DER TECHNISCHEN HOCHSCHULE

Wenige Jahre nach der Gründung des Deutschen Kaiserreiches und in der mathematischen Blütezeit an der Friedrich-Wilhelms-Universität entstand eine dritte wissenschaftliche Einrichtung in Berlin, die großen Einfluss auf die weitere Entwicklung der Mathematik nahm. Die 1879 gegründete *Königliche Technische Hochschule* in Charlottenburg war jedoch keine Neuschöpfung, sondern lediglich die Vereinigung zweier wesentlich älterer Fachakademien – der *Bauakademie* und der *Gewerbeakademie*. 1916 wurde noch eine weitere ältere wissenschaftliche Institution – die *Bergakademie* – in die neue Hochschule eingegliedert. Die älteste dieser drei Vorgängereinrichtungen war die Bergakademie, die 1770 gegründet wurde und damit in die Zeit Friedrichs II. zurückreicht. Unter König Friedrich Wilhelm III. entstanden als zweites Institut 1799 die Bauakademie und als dritte Einrichtung 1821 die Gewerbeakademie.

Friedrich der Große wollte nach den Schlesischen Kriegen die mineralischen Bodenschätze Preußens besser nutzbar machen. Es fehlte jedoch an naturwissenschaftlich und technisch gut ausgebildeten Fachleuten für das Berg- und Hüttenwesen. Auf Vorschlag des damaligen Bergrates und Mineralogen Carl Abraham Gerhard (1738-1821) wurde deshalb 1770 in Berlin ein »Berginstitut« gegründet, das 1774 nach dem sächsischen Vorbild in Freiberg in Bergakademie umbenannt wurde. Da die Mathematik eines der grundlegenden Lehrgebiete in der Theorie des Berg- und Hüttenwesens ist, zählte sie von Anfang an zu den Unterrichtsfächern an dieser Akademie. Über 100 Jahre lang waren allerdings die Mathematik-Dozenten nur nebenamtlich tätig; ei-

genständige Forschung kam an diesem Institut nicht vor. Es war anfangs überhaupt schwierig, geeignete Lehrkräfte zu finden, die die richtige Balance zwischen theoretischer und praktischer Mathematik herstellen konnten. Nennenswerte Mathematikdozenten waren Daniel Christian Ludolf Lehmus (1780-1863) sowie Heinrich Bertram (1826-1904), die beide mehrere Jahrzehnte an der Bergakademie Mathematik lehrten.

Die erste hauptamtliche Mathematikprofessur an der Bergakademie wurde 1895 geschaffen und mit Fritz Kötter (1857-1912) besetzt. Kötter hatte sich 1887 an der jungen Technischen Hochschule zu Berlin habilitiert und anschließend dort als Privatdozent sowie gleichzeitig an der Bergakademie unterrichtet. Bereits fünf Jahre später wechselte er auf eine Professur an der Technischen Hochschule. Nachfolger von Kötter an der Bergakademie wurde 1900 Adolf Kneser, dem dann 1905 Eugen Jahnke folgte. Als die Bergakademie 1916 als Abteilung für Bergbau in die Technische Hochschule integriert wurde, behielt Jahnke in dieser Abteilung seine Mathematikprofessur, die erst mit seinem Tod 1921 erlosch.

Die »Königliche Bauakademie« wurde 1799 von Friedrich Wilhelm III. als Tochterinstitution der Preußischen Akademie der Künste gegründet. Sie diente der Ausbildung von Geodäten und Baumeistern für öffentliche Bauten. Zum Lehrplan gehörte von Anfang an auch Unterricht in Geometrie, Arithmetik und Algebra. Ab Mitte der 1820er Jahre wurden höhere Anforderungen gestellt; Trigonometrie, Analysis und höhere Geometrie kamen hinzu. Wegen des hohen mathematischen Niveaus an

^ *An den Initiator der Bergakademie erinnert in Berlin-Mitte eine Gedenktafel an seinem früheren Wohnhaus Neue Grünstraße 27.*

der Bauakademie wurde der Unterricht oft durch Professoren der Universität erteilt. Erster Mathematikdozent bis zum Jahre 1831 war Johann Philipp Gruson (1768-1857). Wie damals üblich war Gruson an mehreren Lehrinstituten tätig. Er war seit 1794 Professor an der Berliner Kadettenschule, ab 1816 außerordentlicher Professor an der Berliner Universität und unterrichtete ebenfalls am Französischen Gymnasium. Angesichts dieser Lehrbelastung kann man sich gut vorstellen, dass für Forschung keine Zeit blieb. Bei den anderen Mathematikdozenten sah es nicht besser aus.

Der erste herausragende Mathematiker an der Bauakademie war ab dem Jahr 1831 Dirichlet als Nachfolger Grusons. In diesem Jahr hatte der Politiker und Wegbereiter der Industrialisierung in Preußen Christian Peter Wilhelm Beuth (1781-1853) die Leitung der Bauakademie übernommen und die Aufnahmebedingungen verschärft. Elementare Mathematik wurde nun vorausgesetzt, und Dirichlet unterrichtete die angehenden Baumeister unter anderem in Analysis, analytischer und beschreibender Geometrie oder sphärischer Trigonometrie. Auch seine Nachfolger waren größtenteils namhafte Mathematiker, wie Ferdinand Minding (1806-1885), Siegfried Aronhold (1819-1884) oder Julius Weingarten (1836-1910).

^ *Die mathematische Ausbildung der zukünftigen Architekten an der Bauakademie hatte ein hohes Niveau.*

Auf Initiative von Christian Beuth wurde im Jahr 1821 in Berlin eine höhere Lehranstalt zur Förderung der (technischen) Gewerbe in Preußen gegründet, die 1827 den Namen *Königliches Gewerbeinstitut* erhielt und 1860 in *Königliche Gewerbeakademie* umbenannt wurde. Inhaltlich entwickelte sich das Institut dabei von einer Berufsfachschule zu einer wissenschaftlichen Hochschule, aus der bedeutende Industriekapitäne Preußens (wie z.B. August Borsig) hervorgingen.

Mathematischer Unterricht bildete auch hier von Anfang an einen wesentlichen Teil der Ausbildung. 1856 wurde an dem Gewerbeinstitut der erste planmäßige Lehrstuhl für Mathematik geschaffen, der mit Karl Weierstraß besetzt wurde. Dieser wurde noch im selben Jahr zum außerordentlichen Professor an der Berliner Universität ernannt und musste damit an zwei Hochschulen unterrichten. Nach seiner schweren Erkrankung 1861 kehrte Weierstraß nicht an die Gewerbeakademie zurück. Sein Nachfolger wurde Aronhold, der außerdem an der Bauakademie lehrte. 1869 konnte ein zweiter ordentlicher Lehrstuhl für Mathematik an der Gewerbeakademie eingerichtet werden.

Als in der sogenannten Gründerzeit die Ansprüche der Gesellschaft an Ingenieure und Baumeister wuchsen, war es unumgänglich, deren Ausbildung stärker wissenschaftlich auszurich-

^ *Das Hauptgebäude der Königlich Technischen Hochschule zu Berlin entstand zwischen 1878 und 1884 in Charlottenburg.*

ten. Mit der Gründung der Königlichen Technischen Hochschule wurde eine der Universität gleichrangige Lehrstätte geschaffen. Die Mathematik war von Anfang an Bestandteil des Lehrbetriebs, wobei die Mathematiker, die bisher an der Bauakademie und der Gewerbeakademie unterrichtet hatten, in die neue Hochschule übergeleitet wurden. Weitere namhafte Mathematiker wurden in den folgenden Jahren berufen, wie Paul du Bois-Reymond, Emil Lampe oder Georg Hamel, der wie kaum ein anderer die Mathematik und Mechanik an der Technischen Hochschule Berlin prägte.

1899 erkannte Kaiser Wilhelm II. den Technischen Hochschulen in Preußen das Recht zu, den Doktorgrad zu verleihen. Damit waren die Ingenieure als Wissenschaftler anerkannt und den humanistisch gebildeten Akademikern gleichgestellt. Zu Beginn des 20. Jahrhunderts war die Technische Hochschule zu Berlin ein Zentrum des technischen Fortschritts und hatte weltweit eine Vorbildfunktion.

Nach dem Ersten Weltkrieg änderte die Hochschule ihren Namen in *Technische Hochschule Berlin-Charlottenburg*. Bereits vor 1933 wurde die TH eine Hochburg der Nationalsozialisten, so dass sich ihre Gleichschaltung im Dritten Reich ohne nennenswerten Widerstand vollziehen ließ. Ein großer Teil der Studentenschaft, aber auch einige Professoren, schlossen sich

^ *Das nach Entwürfen von K. F. Schinkel errichtete Gebäude Unter den Linden 74 wurde ab 1825 von der Kriegsakademie genutzt.*

dem nationalsozialistischen Gedankengut an, wie z.B. der Mathematiker Georg Hamel, der 1933 eine »Deutsche Mathematik« forderte. Die Technische Hochschule wurde für Hitler zu einer wichtigen Stütze bei der Verwirklichung seiner gigantomanischen Pläne. In der Mathematik konnten noch bis zum Wintersemester 1944/45 Lehrveranstaltungen durchgeführt werden, obwohl einige Gebäudeteile der Hochschule nach einem Bombenangriff stark beschädigt waren.

Als Abschluss dieses Kapitels sollen noch die militärischen Hochschulen zur Ausbildung von Offizieren vorgestellt werden, in denen der Mathematikunterricht auch stets eine große Rolle spielte. Die früheste bekannte dieser Einrichtungen in Brandenburg-Preußen war die vom Großen Kurfürsten 1653 gegründete *Ritterakademie*. Nach dem Siebenjährigen Krieg richtete Friedrich II. in Berlin eine *Académie Militaire* ein, in der junge Adelige für den Militär- und Staatsdienst ausgebildet wurden. Deren Nachfolgeeinrichtung war ab 1801 eine *Akademie für junge Offiziere*, die nach der Kriegsniederlage 1806 geschlossen wurde.

1806 begann in Preußen unter General Gerhard von Scharnhorst eine Reform des Militärwesens, in deren Folge in Berlin im Jahre 1810 wieder eine Kriegsschule eingerichtet wurde. Das Studium umfasste neben den militärischen Wissenschaften auch die Mathematik. Während der Befreiungskriege 1813 bis 1815 blieb diese Ausbildungsstätte geschlossen, wurde jedoch 1816 als *Allgemeine Kriegsschule* wieder eröffnet und erlangte den Status einer Universität. An dieser Einrichtung, die ab 1859 den Namen *Königlich Preußische Kriegsakademie* erhielt, unterrichteten auch einige Mathematikprofessoren (z.B. Dirichlet und Kummer) der Friedrich-Wilhelms-Universität. Nach Ausbruch des Ersten Weltkrieges wurde die Kriegsakademie geschlossen und im Zusammenhang mit dem Zweiten Weltkrieg nur kurzzeitig wiederbelebt.

MATHEMATIK IN DER GETEILTEN STADT

Das Ende des Zweiten Weltkrieges bedeutete auch für die Mathematik in Berlin einen historischen Schnitt. Viele der bedeutenden Mathematiker waren in den 1930er Jahren von den Nationalsozialisten verfolgt und vertrieben worden. Von den NS-Anhängern unter den Mathematikern waren einige im Krieg umgekommen, andere wurden ihres Amtes enthoben und verhaftet. Die politische Situation in der besetzten und geteilten Stadt erforderte eine völlige wissenschaftliche Neuorientierung. Dabei gehörte die Friedrich-Wilhelms-Universität ebenso wie die Akademie der Wissenschaften zum sowjetischen, die Technische Hochschule dagegen zum britischen Sektor; und schon bald sollte eine weitere Universität im amerikanischen Sektor hinzukommen.

Drei hoch motivierte Mathematiker (Hermann Ludwig Schmid, Kurt Schröder und Alexander Dinghas) gab es aber noch in Berlin, die unmittelbar nach Kriegsende den Lehrbetrieb in Mathematik wieder aufnahmen. Bereits 1945 begannen auch erste offizielle Maßnahmen, zu einem regulären Universitätsbetrieb zurückzukehren. Die Sowjetische Militäradministration in Deutschland (SMAD) entzog die Universität dem Einfluss des Berliner Magistrats und unterstellte sie direkt der »Deutschen Zentralverwaltung für Volksbildung« mit dem Präsidenten Paul Wandel, einem aus dem sowjetischen Exil zurückgekehrten KPD-Funktionär. Damit besaßen die westlichen Alliierten keine Einwirkungsmöglichkeit mehr auf die Universität. Im Januar 1946 fand die offizielle Wiedereröffnung der Universität statt. Sie legte dabei den Namen des Preußenkönigs

Friedrich Wilhelm III. ab, wurde aber erst drei Jahre später in *Humboldt-Universität* (HU) umbenannt. In der Zwischenzeit verwendete man gerne den (nicht-offiziellen) Namen Linden-Universität.

Beim Neustart des mathematischen Instituts erhielten die oben erwähnten Dozenten Schmid und Dinghas sofort eine Lehrerlaubnis; da Schröder Mitglied der NSDAP gewesen war, musste er noch einige Zeit darauf warten. Erhard Schmidt, der erst im Herbst 1946 aus Holstein nach Berlin zurückkam, gelang es, noch einmal den früheren Glanz der historischen Berliner Universität aufleben zu lassen. Aber auch die anderen Dozenten setzten sich erfolgreich für die Förderung der Mathematik an der Berliner Universität ein, die recht bald wieder einen guten Ruf bekam. In den ersten Nachkriegsjahren war es relativ einfach, Gastprofessoren aus West-Berlin oder West-Deutschland an die Linden-Universität zu ziehen. Die Doktoranden des ersten Nachkriegsjahrzehnts bekleideten später Professuren in beiden Teilen Deutschlands. Das lag sicherlich nicht zuletzt daran, dass die Mathematik generell nach sowjetischem Verständnis einen besonders hohen Stellenwert unter den Wissenschaften hatte.

Im Frühsommer 1948 nahm jedoch im sowjetischen Sektor der politische Druck auf die freiheitlich orientierten Studierenden zu. Einige wurden vom Studium ausgeschlossen oder sogar verhaftet. Viele Studenten wollten sich der kommunistischen

^ *Am Ende des Zweiten Weltkriegs war das Hauptgebäude der Universität Unter den Linden schwer beschädigt und ausgebrannt.*

Einflussnahme entziehen und verlangten dringlich die Gründung einer neuen Universität im Westteil der Stadt. General Lucius D. Clay befürwortete schließlich diese Forderung und sagte auch eine amerikanische Anschubfinanzierung zu. Nachdem der Magistrat ebenfalls der Errichtung einer »freien« Universität zugestimmt hatte, konnte bereits im November 1948 trotz der Berlin-Blockade ein provisorischer Lehrbetrieb beginnen. Im Dezember 1948 fand die offizielle Gründungsfeier der *Freien Universität* (FU) statt.

Studenten wie Dozenten mussten sich nun zwischen Ost und West entscheiden. Für jemanden, der mit seiner Universität so verbunden war wie Erhard Schmidt kam ein Wechsel nicht in Frage. Auch viele Mathematikstudenten blieben seinetwegen. Unter den Mathematikprofessoren war Alexander Dinghas einer der wenigen, die den Schritt in den Westen wagten. Er wurde im Februar 1949 zum ersten Mathematikprofessor an der FU ernannt und war damit für den Aufbau des mathematischen Instituts zuständig. Vor allem wegen der unsicheren politischen Situation Berlins war es schwierig, Stellen an der FU zu besetzen. Obwohl die Ausbildungssituation in den ersten Jahren nicht

^ *Das Mathematische Institut der Linden-Universität war ab 1946 in einer Wohnung in der Sedanstraße 8 in Steglitz untergebracht.*

unbedingt attraktiv war, wuchs die Zahl der Mathematikstudenten beträchtlich. Großen Einfluss auf die weitere Entwicklung der Mathematik an der FU hatte die Berufung von Karl Peter Grotemeyer (1927-2007) im Jahr 1958. Um ihn in Berlin zu halten, wurde 1962 ein zweites mathematisches Institut eingerichtet. Ein herber Verlust für die Humboldt-Universität war 1953 der Weggang des wissenschaftlich und organisatorisch aktiven H. L. Schmid mit zahlreichen Mitarbeitern nach Westdeutschland. Noch 1948 hatte er die Linden-Universität auf keinen Fall für die Freie Universität verlassen wollen.

Nach dem Ende des Krieges sorgte die britische Besatzungsmacht in Charlottenburg dafür, dass an der alten Technischen Hochschule der Lehrbetrieb erneut aufgenommen wurde. Im April 1946 wurde die Hochschule wieder eröffnet, wobei der Neuanfang mit einer programmatischen Namensgebung verbunden war. Als erste Technische Hochschule in Deutschland erhielt sie den Namen *Technische Universität* (TU). Das bedeutete inhaltlich, dass ein humanistisches Studium eingeführt wurde, das etwa 20 Jahre lang für alle Fachrichtungen obligatorisch bleiben sollte. Da 1946 kaum noch Dozenten zur Verfügung standen, war es sehr schwierig, den mathematischen Unterricht wieder aufzunehmen. Nach der Gründung der Freien Universität unterstützte man sich gegenseitig durch Lehraufträge; erst allmählich kam ein regulärer Lehrbetrieb zustande. Eine herausragende Person an der TU war Wolfgang Haack,

^ *Eine Villa im Hüttenweg 9 in Dahlem war ab 1956 das Dienstgebäude des Mathematischen Instituts der Freien Universität.*

der 1949 berufen wurde. Aufgrund seiner Bemühungen erhielt die Technische Universität 1958 ihren ersten Computer, einen Zuse-Rechner Z 22.

Mit dem Bau der Berliner Mauer 1961 vollzog sich die weitere Entwicklung der mathematischen Institute in Ost und West völlig getrennt. In beiden Teilen der Stadt kam es in den folgenden Jahren zu Umstrukturierungen an den Universitäten sowie zahlreichen Berufungen von Professoren an die sich entwickelnden Massenuniversitäten. Es würde zu weit führen, hier auf Einzelheiten einzugehen.

Am 1. Juli 1946, dem 300. Geburtstag von Leibniz, wurde die Akademie in Ostberlin auf Befehl der Sowjetischen Militäradministration offiziell wieder eröffnet und erhielt im Oktober den Namen *Deutsche Akademie der Wissenschaften.* Sie setzte nicht nur die Preußische Akademie fort, sondern gründete zusätzlich nach sowjetischem Vorbild Forschungsinstitute, zu denen von Anfang an ein mathematisches Institut gehörte. In den folgenden Jahren fanden zahlreiche Reformen statt, wobei es oft mehrere mathematische Forschungsinstitute gleichzeitig mit wechselnden Bezeichnungen gab. Die Zahl der Mitarbeiter in Berlin erhöhte sich im Laufe der Zeit stark, um die geplanten Forschungsvorhaben durchführen zu können. Im Jahr 1972 wurde die mit 24 000 Mitarbeitern größte wissenschaftliche Einrichtung der DDR in *Akademie der Wissenschaften der DDR* umbenannt.

^ *Die DDR demonstrierte mit dem Zirkel (für die Intelligenzschicht) in ihrem Emblem ihre Verbundenheit zur Mathematik.*

Anlässlich der 750-Jahrfeier Berlins 1987 wurde in West-Berlin die *Akademie der Wissenschaften zu Berlin* gegründet. Sie sah sich weniger in der Tradition der Preußischen Akademie sondern mehr als moderne Institution, die sich aktuellen Fragen von Wissenschaft und Gesellschaft stellen wollte.

^ *Der Hauptsitz der Akademie der Wissenschaften der DDR befand sich ab 1949 in einem ehemaligen Bankhaus am Gendarmenmarkt.*

MATHEMATIK IM WIEDERVEREINIGTEN BERLIN

Nach dem Fall der Mauer und der deutschen Wiedervereinigung musste die Wissenschaftslandschaft in Berlin wieder einmal neu geordnet werden. Die politischen Ereignisse hatten vor allem für die Humboldt-Universität und die Akademie der Wissenschaften der DDR beträchtliche Auswirkungen.

Für die Mathematik an der HU bestanden keine prinzipiellen Schwierigkeiten, da der Ausbildungsplan für die Studenten in Ost und West übereinstimmte und die wissenschaftlichen Kontakte nie abgerissen waren. Das größte Problem war der notwendige Stellenabbau bei den zahlreichen fest besoldeten Lehrassistenten. Außerdem mussten die Personen, bei denen man eine zu enge Bindung an das frühere politische System vermutete, näher überprüft werden. Auf Basis des Hochschulüberleitungsgesetzes wurde für die Mathematik, wie für alle Fachgebiete, eine Kommission gebildet, die Vorschläge für den Aufbau der neu eingerichteten Abteilungen, für die zu besetzenden Lehrstühle und die Weiterbeschäftigung der früheren Mitarbeiter erarbeitete. Im Endergebnis wurden zahlreiche frühere Mathematikprofessoren der HU wieder ernannt, es kamen aber auch einige Neubesetzungen dazu. Die Auswirkungen der Wende auf die mathematischen Institute im Westteil der Stadt waren zunächst gering. Die zunehmende Finanzkrise Berlins führte später aber auch hier zu einer deutlichen Reduzierung der Mittel und Stellen für die Mathematik.

Entsprechend dem Deutschen Einigungsvertrag von 1990 mussten die Forschungsinstitute der Akademie der Wissenschaften der DDR zum Ende des Jahres 1991 geschlossen werden. Das mathematische Institut, das seit 1985 den Namen *Karl-Weierstraß-Institut* führte, wurde wie alle anderen vom Wissenschaftsrat evaluiert. Im Endergebnis entstand 1992 aus Teilbereichen des alten Instituts in einer eigenständigen Organisationsform ein neues *Institut für Angewandte Analysis und Stochastik*. Die Gelehrtenvereinigung, der zweite Bestandteil der Akademie in der DDR, hätte prinzipiell weitergeführt werden können, wurde jedoch ebenso wie die westliche Akademie der Wissenschaften zu Berlin 1990 aufgelöst. Nach monatelangen Planungen wurde im Sommer 1992 durch einen Staatsvertrag zwischen den Bundesländern Berlin und Brandenburg eine neue Wissenschaftsakademie unter dem Namen *Berlin-Brandenburgische Akademie der Wissenschaften* (vormals *Preußische Akademie der Wissenschaften*), kurz BBAW, gegründet, die 1993 ihre Tätigkeit aufnahm.

Ein Highlight in der mathematischen Geschichte Berlins war die Ausrichtung des Internationalen Mathematikerkongresses (ICM) im August 1998. Diese weltweit größte Tagung auf dem Gebiet der Mathematik findet seit Ende des 19. Jahrhunderts alle vier Jahre statt. Deutschland war vorher nur einmal Ausrichter eines ICM gewesen, 1904 in Heidelberg. Mehrere deutsche Bewerbungen in der Nachkriegszeit waren u. a. an Vorbehalten jüdischer Mathematiker gescheitert. Auf dem ICM 1994 in Zürich konnten sich die Berliner gegen ihre Konkurrenten durchsetzen. Der ICM 1998 in Berlin war ein wissenschaftlich hochrangiges Ereignis, aber auch ein sehr fröhliches Erlebnis, das von allen mathematischen Einrichtungen Berlins gemeinsam gestaltet wurde. Mit der Ausstellung »Terror and Exile« und damit verbundenen Vorträgen wurde während des ICM auch der im NS-Regime ermordeten und vertriebenen Mathematiker gedacht.

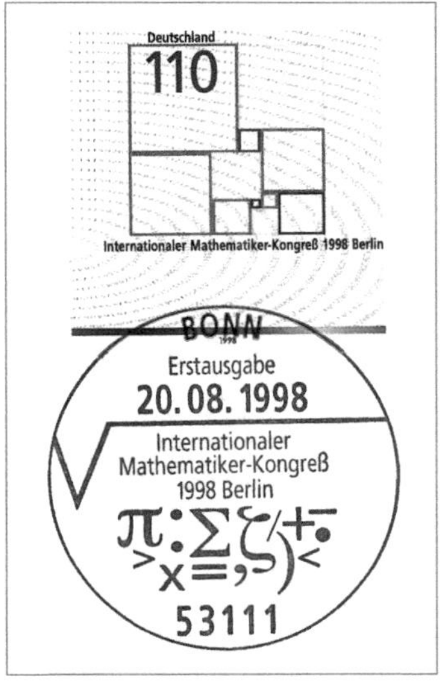

^ *Die Sonderbriefmarke zum Internationalen Mathematiker-Kongress 1998 in Berlin ist mit dem Ersttagsstempel versehen.*

MATHEMATISCHE ORTE MIT TRADITION

AKADEMIE DER WISSENSCHAFTEN

Die Akademie der Wissenschaften nahm nach der Gründung im Jahr 1700 ihren Sitz in der Dorotheenstadt in einem Gebäudekomplex, der sich zwischen dem Boulevard Unter den Linden (heute Nr. 8) und der Dorotheenstraße (heute Nr. 27) befand. Der an den Linden gelegene Trakt dieses Baus war ursprünglich 1687/88 von Arnold Nering als Marstall für 200 Pferde des kurfürstlichen Hofes errichtet worden. Von 1695 bis 1697 wurde das Gebäude für die Akademie der Künste um ein Stockwerk erhöht. Martin Grünberg erweiterte die Anlage von 1696 bis 1700 auf das Doppelte bis zur Dorotheenstraße, und von 1700 bis 1711 wurde zusätzlich vom selben Baumeister ein Observatorium an der Dorotheenstraße errichtet. Die Akademie der Wissenschaften war in den ersten Jahrzehnten in den sehr bescheidenen Räumlichkeiten im Dorotheenflügel untergebracht.

Nachdem die Stallgebäude Unter den Linden im Jahr 1742 abgebrannt waren, entstand nach einem Entwurf Johann Boumanns d. Ä. von 1747 bis 1749 auf demselben Grundstück ein Neubau, in dessen westlichen Teil 1752 die Akademie der Wissenschaften einzog. Das gesamte Bauwerk wurde ab 1903 abgerissen, und von 1904 an wurde in dem Karree Unter den Linden, Charlottenstraße, Dorotheenstraße, Universitätsstraße, das inzwischen unter dem Namen *Akademieviertel* bekannt war, ein neuer Komplex nach Plänen von Ernst von Ihne errichtet. 1914 zog die Akademie der Wissenschaften gemeinsam mit der Staatsbibliothek und der Universitätsbibliothek in den Neubau ein, wobei ihre Räume im südöstlichen Bauteil lagen.

Während des Zweiten Weltkriegs wurde der Baukomplex erheblich zerstört. Bis zur Wiedereröffnung der Akademie im Jahr 1946 war ein Teil der Räume so weit instand gesetzt, dass an diesem traditionellen Standort Sitzungen abgehalten werden konnten. 1949 wurde der Akademie als Hauptsitz zusätzlich ein Gebäude am Gendarmenmarkt übereignet, das die Bombenangriffe relativ unbeschädigt überstanden hatte und nach Plänen des Architekten Hans Scharoun für die Akademie umgebaut

< Das Bild zeigt auf der rechten Seite das Unter den Linden gelegene Akademiegebäude zu Beginn des 19. Jahrhunderts.

worden war. Dieses Haus war zwischen 1901 und 1903 von Paul Kieschke für die Preußische Seehandlung auf dem Gelände des Vorgängerbaus neu errichtet worden und hatte in den 1930er Jahren Erweiterungsbauten erhalten. Die Preußische Seehandlung war ursprünglich eine staatliche Handelsgesellschaft, die 1772 unter Friedrich II. zur Förderung der Wirtschaft gegründet worden war, sich aber bald zu einem unabhängigen Geld-, Kredit- und Handelsinstitut entwickelte und ab 1918 Preußische Staatsbank (Seehandlung) hieß. Der Gendarmenmarkt wurde wenige Monate nach dem Einzug der Akademie in »Platz der Akademie« umbenannt und behielt diesen Namen bis 1991 bei. Mit dem Ausbau zu einer Forschungsakademie in DDR-Zeiten und der damit verbundenen Einstellung zahlreicher Mitarbeiter wurden der Akademie weitere Gebäude zugewiesen, wie das frühere preußische Herrenhaus in der Leipziger Straße (seit dem Jahr 2000 Sitz des Bundesrats).

Heute hat die BBAW ihren Hauptsitz in dem nach der Wende zum Teil renovierten Gebäude am Gendarmenmarkt, in dem schon die Akademie der DDR residierte. Das Archiv befindet sich ebenfalls in diesem Haus, mit einer Nebenstelle am Hausvogteiplatz.

^ *Im südöstlichen Flügel dieses Gebäudes Unter den Linden 8 nahm die Akademie der Wissenschaften 1914 ihren Sitz.*

BERGAKADEMIE

Da die 1770 gegründete Bergakademie als Lehranstalt zunächst über kein eigenes Gebäude verfügte, fand der Unterricht teils in den Wohnungen der Dozenten, teils in der Akademie der Künste statt. Von 1801 bis 1860 war das Institut in der damaligen »Neuen Münze« am Werderschen Markt untergebracht und anschließend in der »Alten Börse« am Lustgarten. In der Kaiserzeit wurde von 1875 bis 1878 nach Plänen des Architekten August Tiede (1834-1911) ein repräsentativer Neubau für die Bergakademie errichtet. Er entstand nach dem Abriss

der Akzisemauer auf dem Gelände der ehemaligen Königlichen Eisengießerei in der Invalidenstraße 44 in der Oranienburger Vorstadt in Mitte. Als die Bergakademie 1916 in der Technischen Hochschule Charlottenburg aufging, wurde die Geologische Landesanstalt alleiniger Nutzer des Hauses. Zu DDR-Zeiten war hier der Sitz des Ministeriums für Geologie. Das denkmalgeschützte Gebäude wird heute vom Bundesministerium für Verkehr, Bau- und Wohnungswesen genutzt.

^ *In dem früheren Gebäude der Bergakademie residiert heute das Bundesministerium für Verkehr-, Bau und Wohnungswesen.*

BAUAKADEMIE

Die 1799 gegründete Königliche Bauakademie hatte zunächst keine eigenen Räumlichkeiten zur Verfügung, sondern war in diversen Gebäuden untergebracht (zunächst in der Neuen Münze am Werderschein Markt, dann im Thielschen Haus Zimmerstraße Ecke Charlottenstraße). Erst 1832 bis 1836 wurde auf dem alten Packhof zwischen dem Spreekanal und dem Werderschen Markt ein Neubau nach Entwürfen von Karl Friedrich Schinkel errichtet. Der mit Terrakottareliefs reich verzierte rote Ziegelbau galt als Hauptwerk Schinkels und war seinerzeit richtungweisend für die moderne Architektur in Preußen.

Im Zweiten Weltkrieg brannte das Haus nach einem Bombentreffer aus. Die Ruine wurde nach anfänglichen Wiederaufbauarbeiten 1962 abgetragen, um dem Außenministerium der DDR Platz zu machen. Das wiederum wurde 1995/96 abgerissen. Seitdem gibt es Bestrebungen, die Bauakademie nach Schinkels Vorbild mit der historischen Fassade wieder zu errichten. Die Nord-Ost-Ecke wurde bereits 1999 originalgetreu rekonstruiert, und seit dem Sommer 2004 wird das Haus durch eine Schaufassade simuliert.

^ *Die Bauakademie am Werderschen Markt besteht heute aus einer rekonstruierten Ecke und einer Schaufassade.*

GEWERBEAKADEMIE/ KRIEGSAKADEMIE

Zur Unterbringung der 1821 gegründeten Gewerbeakademie wurde das so genannte Hackesche Palais in der Klosterstraße 36 angekauft und umgebaut. Das Palais war nach Stadtkommandant Graf von Hacke benannt, der eine Tochter des Staatsministers von Creutz geheiratet und das Palais als dessen einziger Schwiegersohn geerbt hatte. Im Laufe der Jahre wurden die Räumlichkeiten durch Zukauf der Nachbarhäuser 32 bis 35 erheblich erweitert. In dem Palais gab es einen von Andreas Schlüter gestalteten Raum, der als der schönste Festsaal außerhalb des Schlosses galt. Die Häuserzeile an der Klosterstraße wurde im Zweiten Weltkrieg vollständig zerstört.

Die 1810 auf Initiative von General Scharnhorst gegründete Kriegsakademie hatte ihren Sitz zuerst in der Burgstraße. Zwischen 1879 und 1883 wurde in der Dorotheenstraße Ecke Wilhelmstraße nach Entwürfen von Franz Schwechten und weiteren Architekten ein neues Lehrgebäude errichtet. In dem Komplex befanden sich Hörsäle, Büros, ein Raum für Kriegsspiele, eine Bibliothek und Stallungen. Das Gebäude wurde am Ende des Zweiten Weltkriegs völlig zerstört.

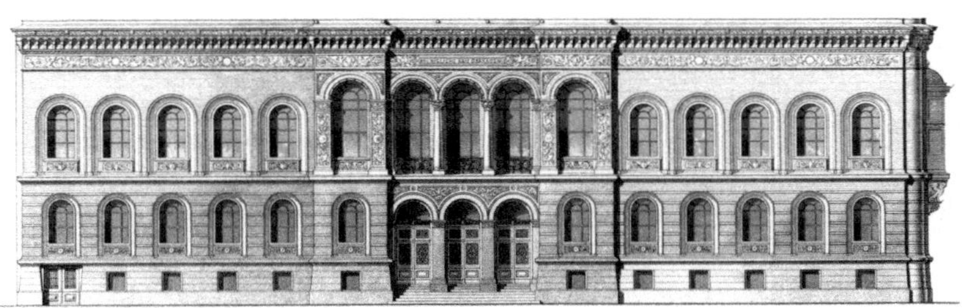

^ *An der Dorotheenstraße wurde 1883 ein nach Plänen von Franz Schwechten errichtetes Lehrgebäude der Kriegsakademie eröffnet.*

HUMBOLDT-UNIVERSITÄT

König Friedrich Wilhelm III. verfügte 1808 die Gründung einer neuen Universität in Berlin und beauftragte Wilhelm von Humboldt mit den Vorbereitungsmaßnahmen. Dieser entwickelte nicht nur ein inhaltlich fortschrittliches Bildungskonzept, sondern unterbreitete ebenfalls einen Vorschlag zum zukünftigen Sitz der Hochschule: das ehemalige Palais des Prinzen Heinrich an der Straße Unter den Linden (heute Nr. 6). Das Palais war von 1748 bis 1756 als Stadtresidenz für Prinz Heinrich von Preußen (1726-1802) nach einem Entwurf von Johann Boumann d. Ä. errichtet worden und gilt als dessen bedeutendstes Werk. Dabei gingen die bereits vorhandenen Konzepte von Georg Wenzeslaus von Knobelsdorff für ein ursprünglich geplantes Königsschloss als Bestandteil des Forum Fridericianum in die Neubaupläne ein. Nach dem Tod des Prinzen Heinrich 1802 fiel das Palais an die preußische Krone zurück.

Der Umbau des Palais' in ein Universitätsgebäude dauerte insgesamt drei Jahrzehnte, da die ehemaligen Wohn- und Wirtschaftsräume sowie Festsäle den Bedürfnissen einer Hochschule angepasst werden mussten. Man benötigte nun Hörsäle, Büros und Räume für die wissenschaftlichen Sammlungen. Auch in späteren Jahren wurde das Innere immer wieder umgestaltet. Zwischen 1913 und 1920 wurde das Universitätsgebäude nach Plänen des Stadtbaurats Ludwig Hoffmann durch zwei lange Flügelbauten bis zur Dorotheenstraße erweitert, wodurch der heute noch bestehende H-förmige Grundriss entstand. Während des Zweiten Weltkrieges wurde der Komplex schwer beschädigt.

Als einige Dozenten unmittelbar nach Kriegsende den Lehrbetrieb in Mathematik wieder aufnahmen, mussten sie in den Westteil Berlins ausweichen, da die Räume des mathematischen Instituts im Hauptgebäude der Universität völlig zerstört waren. Man zog zunächst in das ehemalige astronomische Recheninstitut in der Altensteinstraße 40 in Dahlem und ab Frühjahr 1946 in eine geräumige Wohnung in der Sedanstraße 8 in Steglitz. Dank des Einsatzes aufbauwilliger Studenten waren ab Ende 1946 einige Räume im Westflügel der Linden-Universität soweit

instand gesetzt, dass sie zusätzlich für das mathematische Institut genutzt werden konnten. In späteren Jahren waren die Mathematiker auch in einem Altbau in der Burgstraße 26 in Mitte untergebracht.

Nach der Wende führte die beengte räumliche Situation der in Mitte angesiedelten mathematisch-naturwissenschaftlichen Institute bereits 1991 zu der Überlegung, sie am ehemaligen Standort einiger Forschungseinrichtungen der Akademie der Wissenschaften der DDR in Adlershof zusammenzufassen. Die Institute sollten neben außeruniversitären Forschungseinrichtungen und technologieorientierten Unternehmen tragende Säulen des geplanten Wissenschafts- und Wirtschaftsstandorts Adlershof (WISTA) werden. Im März 2000 zogen die Mathematiker in das umgebaute ehemalige WISTA-Business-Center, das bereits seit August 1998 teilweise von den Informatikern genutzt wurde.

^ *Die Berliner Universität Unter den Linden ist seit 1949 nach den Brüdern Wilhelm und Alexander von Humboldt benannt.*

TECHNISCHE UNIVERSITÄT

Nachdem das preußische Abgeordnetenhaus 1876 die Zusammenlegung von Bau- und Gewerbeakademie zu einer Technischen Hochschule beschlossen hatte, begann ein heftiges Ringen um den Standort. Ausgewählt wurde schließlich ein Gelände außerhalb der damaligen Stadtgrenze Berlins, in einem vornehmen Villengebiet, weit entfernt von den Industriestandorten. Verkehrsgünstig war die Lage wegen der direkt vorbeiführenden Verbindungschaussee zwischen dem Berliner und dem Charlottenburger Schloss (heute Straße des 17. Juni 135).

Das neue Lehr- und Verwaltungsgebäude wurde von 1878 bis 1884 nach Plänen der Architekten Richard Lucae, Friedrich Hitzig und Julius Raschdorff errichtet. Nach schweren Bombenschäden im Zweiten Weltkrieg wurde das Gebäude nur teilweise rekonstruiert. In den 1960er Jahren setzte man einen zehngeschossigen modernen Trakt vor den Altbau.

Die Mathematiker waren ursprünglich im Hauptgebäude untergebracht, wo das mathematische Institut auch nach dem Krieg wieder seinen Sitz nahm. Von den 1970er Jahren an wurden weitere Räumlichkeiten am Ernst-Reuter-Platz und am Kurfürstendamm genutzt. In den 1960er Jahren hatte man damit begonnen, auf dem Gelände nördlich der Straße des 17. Juni einen modernen Universitätscampus aufzubauen, der auch ein neues Gebäude für die Mathematik einbezog. In den nach Plänen von Georg Kohlmaier und Barna von Sartory errichteten Neubau direkt gegenüber vom Hauptgebäude zogen die Mathematiker im Wintersemester 1981/82 ein.

^ *Das Mathematische Institut der TU Berlin residiert seit den 1980er Jahren in einem Neubau an der Straße des 17. Juni 136.*

FREIE UNIVERSITÄT

Der Lehrbetrieb an der Freien Universität wurde 1948 unter provisorischen Bedingungen in Gebäuden der ehemaligen Kaiser-Wilhelm-Gesellschaft in Dahlem sowie in angemieteten Villen in der unmittelbaren Umgebung aufgenommen. Das Mathematische Institut zog gemeinsam mit den physikalischen Instituten in das ehemalige Kaiser-Wilhelm-Institut für Physik in der Boltzmannstraße 20 in Dahlem, dessen Einrichtung 1945 demontiert worden war. Zu den ersten Neubauprojekten gehörte der Henry-Ford-Bau, der von der US-amerikanischen Henry Ford Foundation finanziert wurde. Nach seiner Fertigstellung 1955 fanden die mathematischen Hauptvorlesungen bis Anfang der 1980er Jahre dort statt.

Als die Physiker 1956 ihr Gebäude für sich alleine beanspruchten, wurde für die Mathematiker im nahe gelegenen Hüttenweg 9 eine große Villa gemietet, die 1967 einen Erweiterungsbau erhielt. Aufgrund der steigenden Studentenzahlen und der wachsenden Bedeutung des Fachs richtete man 1962 ein zweites mathematisches Institut ein, das ab 1963 an diversen Orten untergebracht war. 1983 siedelten beide mathematischen Institute in mehrere nahe beieinander liegende Gebäude in der Arnimallee um, wo sie seitdem gemeinsam Hörsäle, Seminarräume und die Bibliothek nutzen können. Im Jahre 2007 erfolgte die organisatorische Wiedervereinigung beider Institute.

^ *Das Mathematische Institut der FU Berlin ist auf vier Gebäude in der Arnimallee in Dahlem verteilt.*

MATHEMATIKER IN BERLIN – BIOGRAFIEN

GOTTFRIED WILHELM LEIBNIZ

Gottfried Wilhelm Leibniz – einer der großen Denker seiner Zeit – war der erste bedeutende deutsche Mathematiker. Geboren wurde er 1646 in Leipzig. Sein Vater, ein Philosophieprofessor an der dortigen Universität, starb als der Sohn gerade sechs Jahre alt war. Leibniz war ein wissbegieriger Junge, der gerne in der umfangreichen häuslichen Bibliothek selbständig lernte. Im Jahre 1661 begann er, in Leipzig Jura, Philosophie und Mathematik zu studieren. Mit 20 Jahren wurde er in Altdorf bei Nürnberg mit einem juristischen Thema promoviert. Anschließend nahm er eine Stelle als Berater des Erzbischofs von Mainz an. 1672 reiste Leibniz in diplomatischer Mission nach Paris, traf während seines vierjährigen Aufenthalts dort mit führenden Gelehrten seiner Zeit zusammen und bildete sich vor allem auf mathematischem Gebiet weiter. Kurz nach seiner Ankunft in Paris vollendete Leibniz seine Arbeiten an einer Rechenmaschine für die vier Grundrechenarten, denn er war der Meinung: »...es ist eines ausgezeichneten Mannes nicht würdig, wertvolle Stunden wie ein Sklave im Keller der einfachen Rechnungen zu verbringen.« Außerdem entwickelte er den binären Zahlencode, mit dem heute alle Computer rechnen.

Nachdem Leibniz bereits 1669 (auswärtiges) Mitglied der Pariser »Académie des Sciences« geworden war, verlieh ihm auch die »Royal Society« in London 1673 aufgrund seiner mathematischen Leistungen die Mitgliedschaft. Den Höhepunkt seiner mathematischen Forschungsanstrengungen in Paris bildeten die Arbeiten zur Infinitesimalrechnung in den Jahren 1672 bis 1676. Der Brite Isaac Newton hatte seine Version der Infinitesimal-

< Das 1898 von Gerhard Janensch geschaffene Denkmal für C. F. Gauß schmückte früher die Potsdamer Brücke in Tiergarten.

rechnung bereits 1666 entwickelt. Beide Wissenschaftler veröffentlichten ihre Ergebnisse jedoch nicht sofort. Erst als Leibniz seine Resultate 1684 publizierte, zog Newton 1687 nach. Diese Umstände führten zu einem sehr langen und erbitterten Prioritätenstreit. Newtons Notationsweise war in England vorherrschend, die Leibnizsche Version (z.B. das ∫ als Integralzeichen) setzte sich jedoch weltweit durch.

Leibniz erhielt 1676 die Stelle eines Hofrats und Bibliothekars bei Herzog Johann Friedrich von Braunschweig-Lüneburg in Hannover. Er nahm höfische Umgangsformen an, war berühmt für seine geistreichen Unterhaltungen und kleidete sich nach der neuesten Mode. Als der Herzog 1679 starb, behielt Ernst August, sein jüngerer Bruder und Nachfolger, Leibniz weiter in Diensten am Hof. Neben seinen vielfältigen offiziellen Aufgaben beschäftigte sich Leibniz stets mit der Mathematik und begann, seine Forschungsergebnisse nach der Gründung einer wissenschaftlichen Zeitschrift 1682 in Leipzig zu publizieren. Ab 1685 reiste er im Auftrag des Herzogs durch Europa, um die Geschichte des Herrscherhauses der Welfen zu recherchieren und aufzuschreiben.

Im Jahre 1700 wurde Leibniz der erste Präsident der auf seinen Vorschlag hin gegründeten Sozietät der Wissenschaften in Berlin. Damit etablierte er auch die mathematische Wissenschaft in der Stadt. Leibniz verstarb nach einer langjährigen Erkrankung 1716 in Hannover. Sein wissenschaftlicher Nachlass ist so vielfältig und umfangreich, dass er noch immer nicht vollständig veröffentlicht ist.

^ *In Adlershof wird G. W. Leibniz als Gründer der späteren Deutschen Akademie der Wissenschaften in Berlin geehrt.*

PIERRE LOUIS MOREAU DE MAUPERTUIS

Der 1698 in Saint-Malo, Frankreich, geborene Pierre Louis Moreau de Maupertuis beschäftigte sich mit verschiedenen Fragen der Mathematik, Physik, Biologie und Philosophie und galt als einer der fortschrittlichsten Denker seiner Zeit. Er war bereits Mitglied der wissenschaftlichen Akademien in Paris und London, als König Friedrich II. ihn 1740 auf Vorschlag Voltaires nach Berlin berief, um ihm die Leitung seiner Akademie anzuvertrauen.

Da Friedrich II. jedoch erst einmal in den ersten Schlesischen Krieg zog, begleitete Maupertuis ihn und wurde von den Österreichern gefangen genommen. Er wurde zwar bald wieder freigelassen, erholte sich aber zunächst in Paris von dem schrecklichen Geschehen, bevor er nach Berlin zurückkehrte. Im Jahre 1746 wurde er offiziell zum Präsidenten der Berliner Akademie ernannt.

Maupertuis' bekannte Abhandlung über das »Prinzip der kleinsten Wirkung« führte zu einem erbitterten Streit an der Akademie. Der Mathematiker Samuel König warf Maupertuis vor, dass seine Darstellung falsch sei und dass das Prinzip außerdem bereits früher von Leibniz entdeckt worden sei, was er jedoch nur mit der Kopie eines Briefes nachweisen konnte. In den Auseinandersetzungen zwischen den Newton-Anhängern Maupertuis und Euler sowie den Leibniz-Anhängern stand Friedrich II. auf der Seite seines Akademiepräsidenten. Als sich der Gesundheitszustand Maupertuis' aufgrund der Angriffe gegen ihn verschlechterte, verließ er Berlin und starb 1759 in Basel.

^ *Der französische Mathematiker Maupertuis besaß als Präsident der Akademie in Berlin weitreichende Entscheidungsbefugnisse.*

LEONHARD EULER

Leonhard Euler bereicherte in seinen 25 Berliner Jahren das wissenschaftliche Leben der Stadt nicht nur durch vielfältige theoretische Forschungsergebnisse, sondern trug auch mit zahlreichen praktischen Lösungen für technische und finanzielle Probleme zum wirtschaftlichen Aufschwung des preußischen Staates bei.

Geboren wurde er 1707 in Basel, Schweiz, als ältester Sohn des calvinistischen Pfarrers Paul Euler sowie dessen Frau Margarethe und wuchs in dem nahe gelegenen Dorf Riehen auf. Nachdem sich schon sehr früh sein Interesse und seine Begabung für die Mathematik gezeigt hatten, begann er mit 13 Jahren an der Universität Basel eine breit angelegte Ausbildung. Er studierte zunächst Theologie, Philologie und Geschichte, wandte sich dann aber ausschließlich der Mathematik und den Naturwissenschaften zu. Der Baseler Mathematikprofessor Johann Bernoulli erkannte frühzeitig Eulers außergewöhnliches mathematisches Talent und gab ihm zusätzlich Privatunterricht. In Bernoullis Haus lernte Euler auch dessen Söhne Daniel und Nicolaus kennen, die seine besten Freunde wurden.

Mit 19 Jahren schloss Euler sein Studium ab, begann mit selbständigen Forschungsarbeiten und gewann bei einem mathematischen Wettbewerb der französischen Akademie den zweiten Preis. Aber bei der Bewerbung um eine Professorenstelle in Basel wurde er u. a. wegen seines jugendlichen Alters abgelehnt. Inzwischen waren Daniel und Nicolaus Bernoulli als Mathematiker an die 1725 gegründete Akademie der Wissenschaften in St. Petersburg berufen worden. Kurze Zeit später konnten sie ihrem Freund Leonhard

^ *Leonhard Eulers geniale mathematische Erkenntnisse bilden die Grundlage für zahlreiche aktuelle Anwendungen der Mathematik.*

ebenfalls eine Stelle verschaffen; allerdings war nur eine Position auf medizinischem Gebiet frei. In dem 1703 gegründeten »Venedig des Nordens« gab es damals eine regelrechte Kolonie mit Schweizer Spezialisten aus den unterschiedlichsten Berufsgruppen.

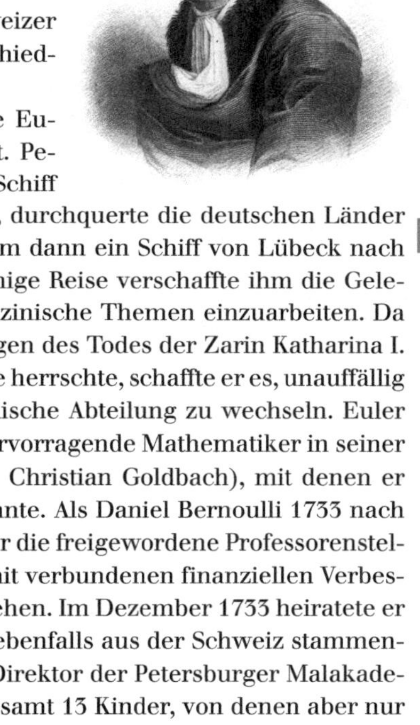

Im Frühjahr 1727 machte Euler sich auf den Weg nach St. Petersburg. Er fuhr mit dem Schiff den Rhein abwärts bis Mainz, durchquerte die deutschen Länder in einer Postkutsche und nahm dann ein Schiff von Lübeck nach St. Petersburg. Die sechswöchige Reise verschaffte ihm die Gelegenheit, sich intensiv in medizinische Themen einzuarbeiten. Da bei seiner Ankunft jedoch wegen des Todes der Zarin Katharina I. großes Chaos an der Akademie herrschte, schaffte er es, unauffällig in die mathematisch-physikalische Abteilung zu wechseln. Euler fand in St. Petersburg viele hervorragende Mathematiker in seiner näheren Umgebung vor (z.B. Christian Goldbach), mit denen er sich intensiv austauschen konnte. Als Daniel Bernoulli 1733 nach Basel zurückging, erhielt Euler die freigewordene Professorenstelle und konnte infolge der damit verbundenen finanziellen Verbesserung endlich eine Ehe eingehen. Im Dezember 1733 heiratete er Katharina Gsell, Tochter des ebenfalls aus der Schweiz stammenden Malers Georg Gsell, der Direktor der Petersburger Malakademie war. Das Paar hatte insgesamt 13 Kinder, von denen aber nur fünf die Kindheit überlebten. Euler behauptete später stets, dass er die besten mathematischen Ideen mit einem Baby auf dem Arm hatte, während die anderen Kinder zu seinen Füßen spielten. Euler konnte nicht nur überall arbeiten, er gewann seine mathematischen Erkenntnisse auch mit einer erstaunlichen Leichtigkeit (»Euler rechnet wie andere atmen«), und er arbeitete ungewöhnlich schnell. Es heißt, er habe zwischen zwei Glockenschlägen, mit denen in seinem Haus zum Essen gerufen wurde, einen mathematischen Aufsatz produzieren können. 1735 zog er sich eine schwere Krankheit zu, in deren Folge sein rechtes Auge erblindete.

Als Euler aufgrund seines hervorragenden internationalen Rufs 1741 ein Angebot aus Berlin erhielt, zögerte er nur kurz mit der Antwort. Zu der Zeit gab es Unruhen gegenüber Ausländern

^ *Leonhard Euler beschäftigte sich neben der Mathematik mit Astronomie, Mechanik, Physik, Philosophie, Theologie und Musik.*

in Russland, daher nahm er gerne die Gelegenheit wahr, St. Petersburg zu verlassen. Im Juli 1741 kam er in Berlin an und hielt sich erst einmal für den glücklichsten Menschen der Welt. Als sich der von Friedrich II. versprochene Aufbau einer neuen Akademie wegen der Schlesischen Kriege verzögerte, gründete Euler kurzerhand eine »Société Littéraire«, deren Satzung sich an der Pariser Akademie und der alten Sozietät orientierte. Einige Monate lang hielt die neue Société Sitzungen parallel zur alten Sozietät ab, bis der König 1744 beide Sozietäten offiziell unter dem Namen »Académie Royale des Sciences et Belles Lettres« vereinigte und Euler zum Direktor der mathematischen Klasse ernannte.

Euler hatte vielfältige Aufgaben für die Akademie zu erledigen: Er überwachte das Observatorium und den Botanischen Garten, er half bei der Entwässerung und Eindeichung des Oderbruchs, er entwarf Pläne für den Wiederaufbau des Finow-Kanals, er stellte Berechnungen für die Wasserkünste in Sanssouci an (die trotz korrekter Formeln an der technischen Ausführung scheiterten), er brachte verschiedenartige Kalender und geographische Karten heraus, er machte finanzielle Berechnungen für die staatlichen Lotterien, Versicherungen und Pensionskassen, er kümmerte sich um die Bibliothek und die Publikationen der Akademie.

Darüber hinaus war die Zahl seiner eigenen wissenschaftlichen Veröffentlichungen außergewöhnlich groß. Während der 25 Jahre, die er in Berlin verbrachte, verfasste Euler fast 400 wissenschaftliche Artikel. Er schrieb Bücher über Variationsrechnung und Analysis, über Differential- und Integralrechnung, über Stern- und Mondbewegungen, über Artillerie und Ballistik, über Schiffbau und Navigation. Besonders berühmt wurde seine populärwissenschaftliche Schrift »Briefe an eine deutsche Prinzessin über verschiedene Gegenstände aus der Physik und Philosophie«. Die insgesamt 234 französischsprachigen Briefe wurden zwischen 1760 und 1762 verfasst und waren an die 15 bis 17 Jahre alte Tochter des mit Euler befreundeten Markgrafen Friedrich-Heinrich von Brandenburg-Schwedt gerichtet. Sie führten die junge Dame in die Grundlagen der Physik ein, ohne mathematische Formeln

^ Der in St. Petersburg arbeitende französische Bildhauer Dominique Rachette (1744-1806) schuf 1784 die bronzene Büste Eulers.

zu verwenden, sowie in einige damit verbundene philosophische und theologische Fragen. Gedruckt erschienen sie zwischen 1768 und 1772 in drei Bänden in St. Petersburg, wohin Euler inzwischen zurückgekehrt war, und wurden schnell zu einem großen Publikumserfolg. Übersetzungen in mehrere Sprachen machten das Werk weltweit bekannt, wobei Euler den deutschen Text selber erstellte.

Die Familie Euler war recht wohlhabend, da Leonhard nicht nur ein hohes Gehalt bekam, sondern auch viele Akademiepreise gewann. Das Haus in der heutigen Behrenstraße bot genügend Platz für seine große Familie sowie die vielen auswärtigen Besucher. Euler liebte die Geselligkeit innerhalb seiner Familie und mit seinen Gästen. 1753 erwarb er außerdem ein Landgut in dem zur Stadt Charlottenburg gehörigen Dorf Lietzow, um seine vielköpfige Familie mit frischen Produkten aus der Landwirtschaft zu versorgen. Sein Anwesen wurde wie viele andere im Siebenjährigen Krieg 1760 durch russische Truppen geplündert, wofür ihm später sowohl von Friedrich II. als auch von Katharina II. Schadensersatz gezahlt wurde.

Als Maupertuis 1759 starb, erhielt Euler die Leitung der Akademie, jedoch nicht den Präsidententitel. Friedrich der Große zog generell französische Gelehrte vor, hielt den geradlinigen, biederen Mathematiker nicht für hoftauglich und ging wenig respektvoll mit ihm um. Er mochte auch Eulers äußeres Erscheinungsbild nicht und bezeichnete ihn gerne als »Zyklop«. Als Euler endgültig einsah, dass der König seinen Leistungen niemals die ihnen gebührende Anerkennung zollen würde, entschloss er sich 1766 schweren Herzens, Berlin wieder zu verlassen und dem Ruf Katharinas der Großen nach St. Petersburg zu folgen.

^ *Die in Berlin zu Ehren von Leonhard Euler benannte Straße liegt im Weddinger Ortsteil Gesundbrunnen.*

Kurz nach seiner Rückkehr erkrankte Euler schwer und verlor die Sehkraft des noch verbliebenen Auges. Da er aber ein ausgezeichnetes Gedächtnis besaß, konnte er seine wissenschaftlichen Arbeiten fortführen. Er genoss es sogar nach eigenen Worten, nun nicht mehr abgelenkt zu werden. Seine Söhne und andere Mathematiker unterstützten ihn, indem sie alles niederschrieben, was er diktierte oder mit ihnen besprach. Im September 1783 erlitt Euler inmitten der Arbeit einen Schlaganfall, dem er nach wenigen Stunden erlag. »Ich sterbe« waren seine letzten Worte.

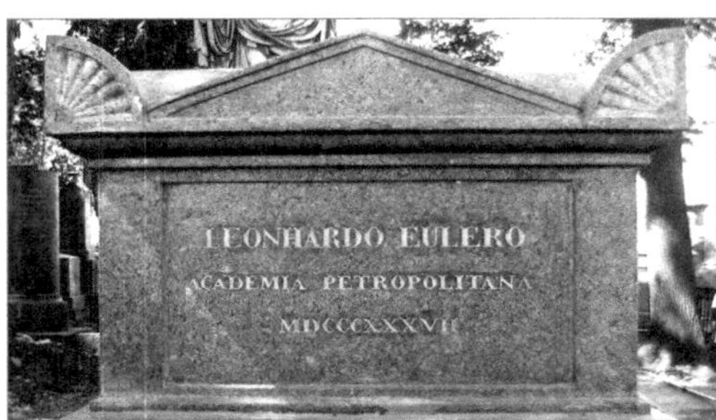

< Der Grabstein zu Ehren von Leonhard Euler wurde 1837 von der St. Petersburger Akademie der Wissenschaften gestiftet.

Eulers mathematisches Werk ist nach vielfacher Ansicht das umfangreichste und einflussreichste, das je ein einzelner Mathematiker verfasst hat, nicht nur wegen der Tiefe und der Vielfalt seiner Resultate, sondern auch aufgrund der von ihm eingeführten Symbole und Bezeichnungen, wie: f(x) für eine Funktion, die nach ihm benannte Eulersche Zahl e, i für die Wurzel aus -1, Σ für Summe, um nur einige zu nennen. Das Symbol π für die Kreiszahl hat Euler nicht erfunden, aber populär gemacht. Seine zeitgenössischen und späteren Kollegen waren voll des Lobes über den Wissenschaftler. Sein früherer Lehrer Johann Bernoulli bezeichnete ihn in einem Brief einmal als den »Fürsten unter den Mathematikern«, der französische Mathematiker Henri Poincaré erhob ihn über 100 Jahre später sogar zum »Gott der Mathematik«.

$$e^{i\pi} + 1 = 0$$

^ Die schönste und berühmteste mathematische Formel stammt von Leonhard Euler. Sie verknüpft auf wundersame Weise die fünf wichtigsten Zahlen der Mathematik mit drei fundamentalen Rechenoperationen und einem schlichten Gleichheitszeichen.

JOHANN HEINRICH LAMBERT

Johann Heinrich Lambert war ein autodidaktisch gebildeter Mathematiker und Universalgelehrter, dessen produktivste Schaffensperiode in seiner Berliner Zeit lag. Geboren wurde er 1728 in Mühlhausen/Elsaß (damals Schweiz) als Sohn einer verarmten hugenottischen Flüchtlingsfamilie. Bereits mit zwölf Jahren musste er trotz guter Leistungen die Schule verlassen, um seinem Vater in dessen Schneiderwerkstatt zu helfen. Abends jedoch, in seiner Freizeit, bildete er sich eigenständig weiter und las alle erreichbaren Bücher. Später arbeitete er als Schreiber in der Stadtkanzlei, im Büro eines Eisenwerkes und als Privatsekretär in Basel, wobei er weiterhin jede Chance nutzte, seine Lieblingsgebiete Mathematik, Physik, Astronomie und Philosophie autodidaktisch zu studieren.

Mit 20 Jahren wurde Lambert Hauslehrer einer Adelsfamilie in Chur, wo ihm eine ausgezeichnete Bibliothek zur Verfügung stand. Gemeinsam mit seinen Zöglingen begab er sich 1756 auf eine zweijährige große Bildungsreise durch Europa, die sie nach Göttingen, Utrecht, Paris, Marseille, Nizza und Mailand führte. In den darauf folgenden Jahren versuchte er erfolglos in verschiedenen Städten, wie Zürich, München und Leipzig, eine wissenschaftliche Position zu erhalten, bevor er 1764 nach Berlin kam.

Hier traf Lambert auf Leonhard Euler und andere namhafte Schweizer Wissenschaftler, die ihren talentierten Landsmann gerne in der Stadt halten wollten. Sie erreichten, dass Lambert 1765 Mitglied der Akademie der Wissenschaften wurde, wenn auch die erste Begegnung mit Friedrich dem Großen eher ungünstig ausfiel. Auf dessen Frage nach der ihm am meisten vertrauten

^ *J. H. Lambert beschäftigte sich als Mitglied der Berliner Akademie intensiv mit Mathematik, Astronomie, Physik und Philosophie.*

Wissenschaft antwortete er selbstbewusst mit »alle« und auf die anschließende Frage, wie er sein Wissen erlangt habe, »durch mich selbst«. Lambert bemerkte nicht einmal, dass der König ihn daraufhin ungnädig entließ. Als die Akademie in St. Petersburg sich aber anschließend um Lambert bemühte, gab der König ihm dennoch eine Stelle. Nachdem er die vielseitigen Talente dieses Universalgelehrten erst einmal schätzen gelernt hatte, ernannte er ihn sogar zum Oberbaurat und verdoppelte sein Gehalt.

In den zwölf Jahren seiner Mitgliedschaft in der Akademie veröffentlichte Lambert nicht nur großartige Werke zur Mathematik, sondern auch grundlegende Abhandlungen zur Physik, Astronomie, Farbenlehre und Philosophie. Er stand in regem Briefwechsel mit dem Philosophen Immanuel Kant in Königsberg, der ihn sehr schätzte. Lambert bewies als erster, dass die Kreiszahl π keine rationale Zahl ist, entwickelte die nach ihm benannte Schnittkegelprojektion und war einer der Wegbereiter der nicht-euklidischen Geometrie. Besonders wichtig war für ihn die Mathematisierung aller Wissenschaften.

Lambert war in Berlin ein stadtbekanntes Original. Da er sich wie ein Naturbursche kleidete und ungeschickt bewegte, galt er als der »Mann aus dem Monde«. Als er einmal ein Problem zur Reflexion des Lichts klären wollte, scheute er sich nicht, für ein notwendiges Experiment das vornehmste Kaffeehaus Berlins aufzusuchen. Vor dem dortigen großen Spiegel vollführte er dann mit seinem Degen allerlei Fechtübungen, ohne auf die fassungslosen Gäste zu achten. Ein anderes Mal beschäftigte er sich bei einem Besuch des Berliner Opernhauses den ganzen Abend nur damit, die Strahlenbrechungen des Kronleuchters zu berechnen.

Lambert verstarb 1777 im Alter von nicht einmal 50 Jahren an Tuberkulose und wurde auf dem Hugenotten-Friedhof in Berlin bestattet.

^ *Die in Berlin zu Ehren von J. H. Lambert benannte Straße liegt in Charlottenburg direkt an der S-Bahn-Station Jungfernheide.*

JOSEPH LOUIS LAGRANGE

Joseph Louis Lagrange, einer der größten Mathematiker des 18. Jahrhunderts, verbrachte die 20 produktivsten Jahre seines wissenschaftlichen Schaffens in Berlin. Geboren wurde er 1736 in Turin, Italien, als Sohn eines französischstämmigen Vaters und einer italienischen Mutter unter dem Namen Giuseppe Lodovico Lagrangia. Während seiner Studienzeit interessierte sich Lagrange zunächst für Literatur und Latein, entdeckte jedoch mit 17 Jahren seine Leidenschaft für die Mathematik. Er beschäftigte sich ein Jahr lang autodidaktisch mit den Werken von Leibniz, Newton, Jakob Bernoulli und Euler, bevor er seine eigenständigen Forschungen begann. Die mathematische Welt muss Lagranges Vater, der sein Vermögen durch gewagte Spekulationen verlor, dankbar sein, denn Joseph Louis selbst sagte später einmal: »Wenn ich reich gewesen wäre, hätte ich mich wahrscheinlich nicht der Mathematik gewidmet.«

Schon mit 19 Jahren wurde Lagrange Mathematikprofessor an der Königlichen Artillerieschule in Turin. Hier verfasste er auch seine ersten wissenschaftlichen Abhandlungen über Differentialgleichungen und Variationsrechnung, die er an Euler in Berlin schickte und die ihm 1756 die Aufnahme als korrespondierendes Mitglied in die Berliner Akademie verschafften. Nachdem Euler Berlin 1766 verlassen hatte, nahm Lagrange das Angebot Friedrichs des Großen an und wurde Eulers Nachfolger als Direktor der mathematischen Klasse der Akademie. Der König nannte ihn wegen seines sanften Wesens »Philosoph ohne Lärm«. Ein Jahr nach seiner Ankunft in Berlin heiratete er seine Cousine Vittoria Conti. Die Ehe war glücklich, aber kinderlos;

^ *J. L. Lagrange war 20 Jahre lang unter Friedrich dem Großen Direktor der mathematischen Klasse der Akademie in Berlin.*

seine Frau starb 1783. Lagrange lebte in Berlin an mehreren Orten, von 1774 bis 1782 wohnte er im Haus Am Kupfergraben 7 (heute als Magnus-Haus bekannt) als Untermieter des Kriegsrates Westphal.

Nach dem Tod Friedrichs II. (1786) riss man sich sowohl am italienischen als auch am französischen Hof um den großen Mathematiker. Lagrange nahm die Einladung Ludwigs XVI. an und ging 1787 nach Paris. Noch im selben Jahr wurde er in die Pariser Akademie aufgenommen, in der er bereits seit 1772 korrespondierendes Mitglied war. Das Hauptwerk Lagranges »Analytische Mechanik«, das er schon in Berlin vollendet hatte, konnte 1788 in Paris veröffentlicht werden. Als 1794 in Paris die École Polytechnique eröffnet wurde, wurde Lagrange der erste Professor für Analysis. Auch Napoleon Bonaparte, der ebenfalls mathematisches Talent besaß, bewunderte seine Leistungen: »Lagrange ist die Pyramidenspitze der mathematischen Wissenschaften.« Nach seinem Tod 1813 in Paris wurde Lagrange im Panthéon bestattet. Er gehört außerdem zu den 72 (fast ausschließlich) französischen Wissenschaftlern, deren Namen auf dem Eiffelturm verewigt sind.

^ *J. L. Lagrange lebte in Berlin mehr als zehn Jahre in dem als Magnus-Haus bekannten barocken Gebäude am Kupfergraben 7.*

CARL FRIEDRICH GAUSS

Als Carl Friedrich Gauß 1777 in Braunschweig als Sohn einer einfachen Familie das Licht der Welt erblickte, konnte niemand ahnen, dass dieser Junge einmal einer der größten Mathematiker aller Zeiten werden sollte. Dann lernte er jedoch das Rechnen vor dem Sprechen und erfand als Neunjähriger in der Volksschule zeitsparende Formeln. Da der Herzog von Braunschweig daraufhin das Wunderkind finanziell förderte, konnte Gauß ein Gymnasium besuchen und ab 1796 in Göttingen studieren. Nach seiner Promotion 1799 in Helmstedt arbeitete er an seinen berühmten »Disquisitiones Arithmeticae«, mit denen er die moderne Zahlentheorie begründete. 1807 wurde er ordentlicher Professor in Göttingen sowie Direktor der dortigen Sternwarte, was er bis zu seinem Tod 1855 blieb.

Schon zu seinen Lebzeiten wurde Gauß als der »Princeps Mathematicorum« bezeichnet. Außer in zahlreichen Gebieten der Mathematik waren seine Leistungen auch in der Astronomie, Geodäsie und Physik bahnbrechend. Er war ein Perfektionist und veröffentlichte gemäß seinem Grundsatz »pauca sed matura« nur einen Bruchteil seiner Ergebnisse.

Alle Versuche Gauß nach Berlin zu holen scheiterten. Ein einziges Mal besuchte er die Stadt, als er der Einladung Alexander von Humboldts zum Naturforscher-Kongress im Jahr 1828 folgte. Aufgrund seines Ansehens wurde er zwar 1810 auswärtiges Mitglied sowie 1824 ordentliches Mitglied der Berliner Akademie, blieb jedoch in Göttingen sesshaft.

^ *Auf der letzten gültigen 10-DM-Banknote ist ein Porträt Gauß' zusammen mit einer Darstellung der Glockenkurve zu finden.*

AUGUST LEOPOLD CRELLE

August Leopold Crelle wurde 1780 in Eichwerder nahe Wriezen/Oder geboren, wo sein Vater die Aufsicht über die Flussdeiche führte, und siedelte später mit seinen Eltern nach Königsberg über. Er hätte gerne Mathematik studiert, aber die bescheidenen Finanzen seiner Eltern reichten nicht, ihm diesen Wunsch zu erfüllen. In seinen autodidaktischen Studien widmete er sich sowohl der Mathematik als auch der Bauwissenschaft. Er war in Berlin in diversen Positionen tätig, um die Errichtung von Staatsbauten zu überwachen, und wurde 1815 zum Geheimen Oberbaurat ernannt.

Nebenbei beschäftigte sich Crelle jedoch stets mit seinem Lieblingsgebiet, der Mathematik, und erhielt 1816 für eine seiner Abhandlungen den Doktortitel der Universität Heidelberg. Im selben Jahr wurde er Mitglied der preußischen Oberbaudeputation und war bis 1826 für den Bau von Chausseen zuständig. In Anerkennung seiner Verdienste wurde er 1827 Mitglied der Preußischen Akademie der Wissenschaften. Die an Technikgeschichte interessierten Berliner kennen Crelle, weil die erste preußische Eisenbahnlinie von Berlin nach Potsdam 1838 nach seinem Entwurf konstruiert wurde.

Crelles mathematische Arbeiten dagegen sind heute völlig vergessen. Dass sein Name trotzdem vielen Mathematikern in der ganzen Welt geläufig ist, liegt an dem von ihm 1826 gegründeten »Journal für die reine und angewandte Mathematik«, das überall kurz »Crelles Journal« genannt wird. Das Journal existiert heute immer noch und genießt weiterhin einen ausgezeichneten internationalen Ruf. Crelle war von der Relevanz der Mathema-

^ *A. L. Crelle ist bis heute den meisten Mathematikern weltweit durch das von ihm gegründete mathematische Journal bekannt.*

tik überzeugt und wollte deshalb junge mathematische Talente fördern, indem er ihnen die Chance bot, ihre Forschungsergebnisse zu veröffentlichen. Darüber hinaus verschaffte er den jungen Forschern auch finanzielle Hilfen und angemessene Arbeitsmöglichkeiten. Gleich in der Anfangszeit gelang es ihm, bedeutende Mathematiker wie die Berliner Steiner, Dirichlet und Jacobi als Autoren zu gewinnen, mit denen er sich erfolgreich gegen die damals vorherrschenden französischen Zeitschriften durchsetzen konnte. Crelle gab sein Journal fast dreißig Jahre lang bis zu seinem Tod heraus.

Von 1828 bis 1849 wirkte Crelle außerdem als mathematischer Fachberater im preußischen Kultusministerium. Er starb 1855 in Berlin und wurde auf dem Kirchhof der Gemeinde Alt-Schöneberg an der Hauptstraße bestattet. Die Crellestraße in Schöneberg hält die Erinnerung an ihn wach.

^ *Die Crellestraße in Schöneberg verläuft fast parallel zu der nach Crelles Plänen gebauten Berlin-Potsdamer-Eisenbahnlinie.*

JAKOB STEINER

Jakob Steiner stammte aus der Schweiz, wo er 1796 im Berner Oberland als Sohn eines Kleinbauern geboren wurde. Lesen und schreiben lernte er erst mit 14 Jahren in einer Dorfschule. Mit 17 Jahren ging er an das pädagogische Institut von Johann Heinrich Pestalozzi nach Iferten, zuerst als Schüler, dann als Lehrer. Hier lernte er, Zahlen mit räumlicher Anschauung zu verbinden. 1818 siedelte er nach Heidelberg über, um dort Mathematik zu studieren. Da er das Niveau der Vorlesungen jedoch für viel zu bescheiden hielt, bildete er sich hauptsächlich autodidaktisch weiter und interessierte sich vor allem für die damalige »französische Geometrie«. Seinen Lebensunterhalt verdiente er sich bis zur Promotion durch Privatunterricht.

Anfang 1821 zog Steiner nach Berlin, wo er eine Aushilfsstelle als Mathematiklehrer erhielt, da man an Pestalozzis Ideen interessiert war. Um dauerhaft beschäftigt zu werden, musste Steiner jedoch ein Staatsexamen ablegen. In seiner ersten Prüfung zeigte er sich sehr schwach in Sprachen und Geschichte. Selbst in der Mathematik war ihm nur die Elementargeometrie geläufig, während er in der höheren Mathematik kaum Kenntnisse besaß. Trotzdem erhielt er eine Lehrerlaubnis, aber nur für die unteren Klassen. Erst nach einem weiteren Examen 1826 bekam er die volle Lehrberechtigung für höhere Schulen. Von 1827 bis 1835 war Steiner als Oberlehrer an der von dem Historiker und Geographen Karl Friedrich Klöden 1824 gegründeten ersten städtischen Gewerbeschule tätig und unterrichtete hier unter anderem Theodor Fontane in Mathematik.

^ *Der Berliner Mathematikdozent J. Steiner war einer der bedeutendsten Vertreter der Geometrie im 18. Jahrhundert.*

Erst im Alter von 30 Jahren begann Steiner mit wissenschaftlicher Forschung. Nachdem er einige seiner ersten Arbeiten über geometrische Probleme in Crelles Journal veröffentlichen konnte, wurde er schnell berühmt für seinen synthetischen Aufbau der Geometrie und erhielt 1832 den Ehrendoktor der Universität Königsberg. Alexander von Humboldt war inzwischen auch auf ihn aufmerksam geworden und erreichte, dass Steiner 1834 zum außerordentlichen Professor an der Berliner Universität ernannt wurde. Im gleichen Jahr wurde er Mitglied der Akademie der Wissenschaften. Steiner war ein großer Geometer mit einer beispiellosen Anschauungskraft; er »sah« geometrische Verbindungen, die sich niemand sonst vorstellen konnte. Analytisch beweisen konnte er seine Vermutungen jedoch nicht, hier musste Jacobi ihm stets helfen. Überliefert ist sein Spruch: »Ich sehe, dass es so ist, und Jacobi sagt, man könne es auch beweisen.« Es ärgerte Steiner, dass mittelmäßige Mathematiker die Lehrstühle belegten, er selber jedoch nie zum ordentlichen Professor ernannt wurde. Alexander von Humboldt konnte lediglich zu einer Gehaltserhöhung beitragen.

Mit zunehmendem Alter wurde Steiner immer verbitterter, überwarf sich mit seinen Freunden wie August Leopold Crelle und Carl Gustav Jacob Jacobi, und auch seine mathematische Kreativität ließ nach. Er erkrankte schwer und starb während eines längeren Aufenthaltes in der Schweiz 1863 in Bern.

^ *Steiner nannte dieses geometrische Gebilde Römerfläche, da er sich während seiner Rom-Reise intensiv damit beschäftigte.*

NIELS HENRIK ABEL

Niels Henrik Abel war ein außergewöhnlich begabter norwegischer Mathematiker, in dessen Leben die Stadt Berlin eine besondere Rolle spielte. Geboren wurde er im Jahre 1802 im Süden Norwegens und wuchs mit seinem älteren Bruder sowie vier jüngeren Geschwistern in einer ländlichen Pfarrei auf. Sein Vater war ein lutherischer Pastor, der sich an den turbulenten politischen Auseinandersetzungen in Norwegen beteiligte, die 1814 zur Gründung eines neuen norwegischen Staates führten.

Mit dreizehn Jahren wurde Niels auf die Kathedralschule in der Hauptstadt Christiania, dem heutigen Oslo, geschickt. Dort zeigte sich zunächst keine besondere Begabung. 1817 musste jedoch der bisherige, inkompetente Mathematiklehrer die Schule verlassen, da er einen Schüler so stark gezüchtigt hatte, dass dieser an den Folgen verstarb. Der neue Lehrer besaß nicht nur umfangreiche mathematische Kenntnisse, sondern war auch beseelt von neuartigen pädagogischen Ideen, so dass es nicht lange dauerte, bis er Niels' außergewöhnliches Talent entdeckte. Er gab ihm Privatunterricht und führte ihn in die mathematische Literatur ein.

Als Niels' Vater 1820 starb, verschlechterte sich die wirtschaftliche Lage der Familie. Abel konnte dennoch ab 1821 die Universität in Christiania besuchen, da er immer wieder privat von einigen Professoren finanziell unterstützt wurde. Weil es damals in Norwegen keinen offiziellen Studiengang für Mathematik gab, arbeitete er auf eigene Faust alle Mathematikbücher aus der Universitätsbibliothek sowie die aktuellsten Abhandlungen aus Pariser Zeitschriften durch. Nach einem Jahr wusste er

^ *Der norwegische Mathematiker N. H. Abel erfuhr eine sehr engagierte Förderung durch den Berliner A. L. Crelle.*

wahrscheinlich mehr über Mathematik als irgendjemand sonst in seinem Land. 1823 gab ihm sein Mathematikprofessor Geld für eine Reise nach Kopenhagen, wo er bei einer Tante wohnte, dänische Mathematiker kennen lernte und seiner späteren Verlobten Christine Kemp begegnete.

Im Frühjahr 1824 erhielt Abel endlich ein staatliches Stipendium, weiterhin wurde ihm ein späteres Auslandsstudium in Aussicht gestellt. Er ließ sofort seine Arbeit zur Unlösbarkeit von Gleichungen fünften Grades auf eigene Kosten drucken, weil er hoffte, damit in den wissenschaftlichen Kreisen Europas bekannt zu werden. Nachdem er Anfang September 1825 sein Auslandsstipendium ausgezahlt bekommen hatte, konnte er endlich aufbrechen. Das Ziel seiner Reise war Paris, die damalige Metropole der Mathematik; auf dem Weg dorthin wollte er Carl Friedrich Gauß in Göttingen aufsuchen. In Kopenhagen traf Abel jedoch einige Freunde und beschloss stattdessen, mit ihnen nach Berlin zu fahren, wo er Ende Oktober eintraf. Abel blieb vier Monate und wohnte mit seinen norwegischen Freunden im Haus Am Kupfergraben 4, wo auch der bedeutende Philosophieprofessor Georg W.F. Hegel ein Zimmer gemietet hatte.

Die Berlin-Reise war ein Glückstreffer für Abel, denn hier lernte er August Leopold Crelle kennen, dessen Adresse er von einem Kopenhagener Freund erhalten hatte. Crelle, der Abels Genialität schnell erkannte, sollte sein bester Freund und Wohltäter werden. Er hatte schon seit geraumer Zeit die Herausgabe einer mathematischen Zeitschrift in Berlin erwogen, aber erst die Gespräche mit Abel führten zu einer Umsetzung des Projekts. Bereits Neujahr 1826 erschien die erste Ausgabe der Zeitschrift mit zahlreichen von Abel verfassten Artikeln. Abel veröffentlichte von da an die meisten seiner Arbeiten in Crelles Journal; auf der anderen Seite war es vor allem Abels herausragenden Abhandlungen zu verdanken, dass dieses Journal schnell zu einer der führenden mathematischen Zeitschriften in Europa wurde.

Crelle stellte Abel nicht nur seine Bibliothek zur Verfügung, die mit der neuesten mathematischen Literatur ausgestattet war, sondern machte ihn auch mit vielen Berliner Wissenschaftlern bekannt. Er lud ihn außerdem regelmäßig zu seinen Salontreffen ein, die jeden Montagabend bei ihm zu Hause vor allem musikalische Vorführungen boten. Gerüchte über den talentierten, schüchternen norwegischen Mathematik-Studenten machten Abel interessant und brachten ihm auch Einladungen

in andere Salons. So besuchte er oft samstags den Musiksalon der Sara Levy, Tochter des Bankiers Daniel Itzig und selbst mit einem Bankier verheiratet. Abel gefiel das vielseitige Berliner Milieu, er lernte intensiv die deutsche Sprache, ging oft ins Theater, und auch mathematisch war diese Zeit für ihn sehr produktiv. Aber er musste natürlich irgendwann sein eigentliches Reiseziel Paris erreichen.

Weil Abel nicht alleine reisen wollte, folgte er zunächst seinen norwegischen Freunden nach Süddeutschland und Oberitalien und kam erst nach einigen Umwegen – aber ohne Gauß in Göttingen besucht zu haben – im Juli 1826, zehn Monate nach seinem Aufbruch, am Ort seiner mathematischen Träume an. Seine kreativsten Ideen hatte er nicht in Crelles Journal veröffentlicht, sondern für Paris aufgespart, wo er nun begann die so genannte »Pariser Abhandlung« (über transzendente Funktionen) zu schreiben, die er bei der Pariser Akademie einreichte und die ihm später allerhöchsten Ruhm einbringen sollte. Er wartete den Rest des Jahres in Paris vergeblich auf eine Reaktion zu seiner Abhandlung, die einfach beiseite gelegt und vergessen worden war. Solange er lebte, war er überzeugt, dass sie für immer verloren war. Sein gesamter Aufenthalt in Paris war eine einzige Enttäuschung, und schließlich wurde er auch noch schwer krank.

Ende 1826 verließ Abel Paris, bettelarm und erschöpft, und kehrte – wieder ohne einen Besuch bei Gauß – zu seinen Freunden nach Berlin zurück, wo er Anfang Januar 1827 eintraf. Diesmal wohnte er in der Französischen Straße 39, nahe dem Gendarmenmarkt. Nachdem er sich Geld geliehen hatte, schrieb er

^ *Eine frühere norwegische 500-Kronen-Banknote zeigt das Porträt des bedeutenden norwegischen Mathematikers N. H. Abel.*

eine Abhandlung über elliptische Integrale. Crelle bot ihm an, Redakteur seines Journals zu werden, aber er schlug das Angebot aus. Er hatte Heimweh und wollte seine mathematischen Fähigkeiten zum Nutzen seines eigenen Vaterlandes einsetzen. Crelle jedoch bemühte sich nach Abels Abreise Ende April weiterhin darum, ihm eine feste Stelle in Berlin zu verschaffen.

Als Abel Ende Mai 1827 nach Norwegen zurückkehrte, wurde seine Auslandsreise als gescheitert betrachtet, da er weder in Paris etwas veröffentlicht noch den großen Gauß in Göttingen besucht hatte. Er hielt sich in Christiania mit Einnahmen aus Privatstunden und einem Kredit über Wasser, bekam jedoch weder einen staatlichen Zuschuss noch eine Stelle an der Universität. In dieser äußerst schwierigen Situation schrieb er unermüdlich eine Abhandlung nach der anderen, die er Crelle in Berlin schickte. Dieser konnte sie gar nicht so schnell herausgeben, wie sie bei ihm eintrafen. Im Frühjahr 1828 war Abels Lage so aussichtslos, dass er gewillt war, jedes Stellenangebot aus Berlin anzunehmen. Crelle setzte sich intensiv für ihn ein, aber die Verhandlungen zogen sich sehr in die Länge. Währenddessen überforderte Abel sich ständig selbst durch sein unentwegtes Schaffen. Als er die Weihnachtsferien gemeinsam mit seiner Verlobten bei Freunden auf dem Land verbrachte, verschlimmerte sich seine Tuberkulose-Erkrankung. Abel verstarb im April 1829, im Alter von nur 26 Jahren.

Zwei Tage nach seinem Tod verfasste der nichts ahnende Crelle in Berlin einen euphorischen Brief an Abel. Er teilte ihm

^ *Die norwegische Briefmarke mit dem Porträt N. H. Abels wurde anlässlich seines 200. Geburtstages im Jahr 2002 herausgegeben.*

mit, dass endlich eine feste Anstellung für ihn an der Universität gefunden und seine Zukunft gesichert sei. Außerdem fand man am selben Tag in Paris seine »vergessene« Abhandlung wieder. Der Akademiepreis des folgenden Jahres ging posthum an Abel für diese glänzende Arbeit; der Betrag wurde an seine unter erbärmlichen Umständen lebende Mutter ausgezahlt. Anlässlich der Feierlichkeiten zu Abels 100. Geburtstag verlieh die Universität Christiania als Anerkennung für die Abel gewährte Förderung durch August Leopold Crelle den Berliner Mathematikern Georg Cantor und Hermann Amandus Schwarz die Ehrendoktorwürde.

^ *Die Gedenktafel für Abel wurde am 6. April 2014 am Nachfolgegebäude seines ehemaligen Wohnhauses Am Kupfergraben 4a angebracht.*

CARL GUSTAV JACOB JACOBI

Carl Gustav Jacob Jacobi kam 1804 in Potsdam als Sohn einer wohlhabenden jüdischen Bankiersfamilie zur Welt. Er hatte einen älteren Bruder, der später ein berühmter Physiker wurde, eine jüngere Schwester sowie einen jüngeren Bruder, der das Bankgeschäft seines Vaters weiterführte. Zunächst wurde Carl von einem Onkel mütterlicherseits privat unterrichtet. Er ging erst im Alter von knapp 12 Jahren das erste Mal zur Schule und besuchte die »Große Stadtschule« (später Viktoria-Gymnasium, heute Helmholtzschule) in Potsdam bis 1821. Die Abschlussqualifikation erreichte er zwar schon nach einem Jahr, war aber noch zu jung, um an der Universität zugelassen zu werden. Carl interessierte sich in seiner Schulzeit vor allem für Mathematik, las Bücher von Euler und forschte bereits eigenständig.

1821 konnte Jacobi endlich sein Studium an der Berliner Universität aufnehmen. Er hörte zunächst Vorlesungen in klassischer Philologie und Mathematik, entschied sich dann aber ausschließlich für das Fach Mathematik. Da zur damaligen Zeit an den deutschen Universitäten jedoch nur elementare Mathematik gelehrt wurde, war er weiterhin auf selbständige Studien angewiesen. Im Alter von 19 Jahren legte Jacobi sein Staatsexamen als Oberlehrer mit Auszeichnung ab und erhielt anschließend ein Angebot des angesehenen Joachimsthalschen Gymnasiums in Berlin. Er nahm diese Stelle jedoch nicht an, sondern entschied sich für eine wissenschaftliche Laufbahn. Er konvertierte deshalb vom jüdischen zum christlichen Glauben, da er andernfalls nicht an einer Universität hätte unterrichten dürfen.

^ *Der vielseitige Mathematiker C. G. J. Jacobi durfte als Akademiemitglied Vorlesungen an der Berliner Universität halten.*

Nach der im Jahr 1825 erfolgten Promotion und Habilitation hielt er zunächst Vorlesungen in Berlin, unter anderem die erste Vorlesung über Differentialgeometrie an einer deutschen Universität. 1826 nahm er einen Ruf an die Universität Königsberg an und entwickelte dort fast zeitgleich mit Abel eine bemerkenswerte neue Theorie der elliptischen Funktionen. Er trat auch in Briefkontakt mit Gauß, der von seinen Ergebnissen in der Zahlentheorie sehr beeindruckt war. Die mathematische Forschung in Königsberg bekam durch Jacobi Weltgeltung. Auch als Lehrer war er herausragend. Er reformierte den universitären Unterricht und gründete ein mathematisch-physikalisches Seminar, in dem die Studenten mit den neuesten Forschungsergebnissen bekannt gemacht wurden.

Im Sommer 1829 reiste Jacobi nach Paris, um französische Mathematiker zu treffen, und besuchte auf dem Weg auch Gauß in Göttingen. Auf einer Reise nach Thüringen im selben Jahr lernte er Dirichlet kennen, mit dem ihn von da an eine enge Freundschaft verband. 1831 heiratete Jacobi in Königsberg; seine Ehefrau Marie begleitete ihn später auf weiteren Reisen nach England und Frankreich.

Als Jacobi 1843 an Diabetes erkrankte, riet sein Arzt ihm zu einem längeren Aufenthalt in Italien wegen des günstigeren Klimas. Dazu fehlten ihm jedoch die finanziellen Mittel. Er hatte zwar ein kleines Vermögen von seinem Vater geerbt, sein gesamtes Geld aber in einer schweren Wirtschaftsdepression verloren. Dirichlet erfuhr von seiner Notlage und bat – unterstützt von Alexander von Humboldt – erfolgreich König Friedrich Wilhelm IV. um finanzielle Hilfe für Jacobis Kur. Mit der erhaltenen Subvention konnte Jacobi nach Italien reisen, wo er mit Dirichlet und Steiner zusammentraf. Er erholte sich dort so gut, dass er anschließend wieder forschen und publizieren konnte.

Obwohl es ihm gesundheitlich besser ging, rieten ihm die Ärzte, sich nicht mehr dem besonders strengen Königsberger Klima auszusetzen. Friedrich Wilhelm IV. erteilte ihm die Genehmigung, seine Professorenstelle in Königsberg niederzulegen und nach Berlin umzuziehen. Der König gewährte ihm auch einen Gehaltszuschuss, um die höheren Lebenshaltungskosten in Berlin finanzieren zu können. Jacobi wurde 1844 ordentliches Mitglied der Preußischen Akademie der Wissenschaften mit dem Recht, an der Universität Vorlesungen zu halten, wovon er allerdings aus gesundheitlichen Gründen nur eingeschränkt Gebrauch machen konnte.

Im Revolutionsjahr 1848 hielt der liberale Jacobi unbedachte Reden, die die preußische Regierung gegen ihn aufbrachten. Jacobi war zwar kein Revolutionär, war jedoch nicht mit allen Handlungen der Regierung einverstanden. Da er anschließend nicht mehr an der Universität unterrichten durfte und man ihm auch die Berlin-Zulage entzog, sah er sich gezwungen, mit seiner Familie in die kleinere und preiswertere Stadt Gotha zu ziehen. Kurze Zeit später empfing er einen Ruf an die Universität in Wien, den er auch annehmen wollte. Doch Alexander von Humboldt schaltete sich wieder einmal ein, um Jacobi für Berlin zu erhalten. Da die preußische Regierung inzwischen auch bemerkt hatte, dass man mit Jacobi einen hervorragenden Wissenschaftler verlieren würde, wurde ein Kompromiss vereinbart. Jacobi durfte wieder an der Berliner Universität unterrichten. Seine Familie blieb jedoch in Gotha, da die neue finanzielle Sonderzuwendung niedriger war als vorher. Anfang 1851 zog sich Jacobi eine Grippe zu und erkrankte anschließend an den Blattern. Er starb im Februar 1851 und wurde auf dem Friedhof der Berliner Dreifaltigkeitsgemeinde bestattet.

Jacobi zählte zu den fleißigsten und vielseitigsten Mathematikern der Geschichte, weshalb ihn seine Schüler auch als den »Euler des 19. Jahrhunderts« bezeichneten. Er legte in zahlreichen Spezialgebieten viel beachtete Forschungsergebnisse vor. Zu seinen Schwerpunkten gehörten die Zahlentheorie, die Funktionentheorie, die Differentialgleichungstheorie sowie die Variationsrechnung. Nach ihm benannt sind unter anderem die Jacobi-Matrix, das Jacobi-Verfahren, das Jacobi-Symbol.

^ *Der Mathematiker Carl Gustav Jacob Jacobi ist in einem Ehrengrab auf dem Friedhof der Berliner Dreifaltigkeitsgemeinde bestattet.*

JOHANN PETER GUSTAV LEJEUNE DIRICHLET

Johann Peter Gustav Lejeune Dirichlet, der seine Studienzeit in Paris verbracht hatte, war der erste herausragende Mathematikprofessor an der Berliner Universität. Geboren wurde er 1805 in Düren, einer Stadt zwischen Aachen und Köln, die damals zu Frankreich gehörte. Seine Familie stammte aus der belgischen Stadt Richelet, wovon sich sein Name ableitet: »le jeune de Richelet« bedeutet »der Jüngling aus Richelet«. Sein Vater war zur Zeit seiner Geburt Postdirektor in Düren.

Dirichlet entdeckte schon früh seine Leidenschaft für die Mathematik und gab sein Taschengeld für Mathematikbücher aus. Mit 12 Jahren ging er zunächst auf ein Gymnasium in Bonn (das heutige Beethoven-Gymnasium) und wechselte nach zwei Jahren auf das Jesuitenkolleg (Dreikönigsgymnasium) in Köln. Sein dortiger Lehrer für Mathematik und Physik war der berühmte Physiker Georg Simon Ohm. Dirichlet galt als ein vorbildlicher und außergewöhnlich aufmerksamer Schüler, der neben Mathematik vor allem an Geschichte interessiert war. Als er mit 16 Jahren seine Schulausbildung beendet hatte, wollten seine Eltern, dass er Jura studierte. Er konnte sie jedoch überreden, ihm das Mathematikstudium zu erlauben.

Im Mai 1822 ging er nach Paris, um in der damaligen mathematischen Hochburg Vorlesungen bei so großen Wissenschaftlern wie Fourier, Laplace oder Legendre zu hören. In seinem Reisegepäck war Gauß' bedeutendes Werk »Disquisitiones Arithmeticae«, ein Buch, das er stets mit sich führte, wie manch anderer die Bibel. Im Sommer 1823 nahm er eine gut bezahlte Stelle als Hauslehrer in der Familie des Generals Maximilian Sébastian

^ *Der hervorragende Mathematiker und Dozent Dirichlet begründete das mathematische Renommee der Berliner Universität.*

Foy an. Foy hatte eine führende Rolle in den napoleonischen Kriegen gespielt, sich jedoch nach der Niederlage bei Waterloo aus der Armee zurückgezogen. Ab 1819 war Foy Abgeordneter im französischen Parlament, wo er die liberale Opposition führte. Dirichlet wurde im Haus Foys wie ein Familienmitglied behandelt und kam mit vielen prominenten Intellektuellen in Kontakt.

Mathematisch beschäftigte sich Dirichlet in jener Zeit mit Zahlentheorie. Schon seine erste Veröffentlichung im September 1825, in der er zusammen mit Legendre den Großen Fermatschen Satz für einen Spezialfall bewies, machte ihn berühmt. Als Foy 1825 verstarb, wollte Dirichlet gerne nach Deutschland zurückkehren. Daher machte Fourier, der Dirichlets Forschungsergebnisse bewunderte, Alexander von Humboldt auf ihn aufmerksam. Auch Gauß unterstützte die Bemühungen, Dirichlet nach Deutschland zu holen. Trotz hochrangiger Empfehlungen konnte Dirichlet jedoch zunächst keine Professur in Deutschland erhalten, da ihm die offiziellen Voraussetzungen (nämlich Promotion und Habilitation) fehlten. Nachdem ihm die Universität Köln einen Ehrendoktortitel verliehen hatte, habilitierte sich Dirichlet 1827 an der Universität in Breslau und unterrichtete dort kurze Zeit als Privatdozent. Bald darauf wurde er nach Berlin beurlaubt, um Lehrer an der Allgemeinen Kriegsschule zu werden. Zusätzlich gehörte er der Universität Berlin seit 1829 als Privatdozent, seit 1831 als außerordentlicher und seit 1839 als ordentlicher Professor an und unterrichtete ebenfalls zwischen 1831 und 1834 an der Berliner Bauakademie. Mit Dirichlet, der als die zweite mathematische Koryphäe nach Gauß galt, begann die Berliner Universität, sich einen guten Namen in der Mathematik aufzubauen. 1832 wurde Dirichlet in die Berliner Akademie der Wissenschaften aufgenommen.

Mit dem Gehalt aus zwei Dozentenstellen verbesserte sich 1831 Dirichlets finanzielle Situation so weit, dass er heiraten konnte. Alexander von Humboldt hatte Dirichlet nach dessen Umzug nach Berlin in dem Haus der Familie Mendelssohn-Bartholdy eingeführt, wo regelmäßige gesellige Treffen Künstler und Wissenschaftler vereinten. Dort in der Leipziger Stra-

^ *Dirichlets Ehefrau Rebecca war die jüngere Schwester von Felix und Fanny Mendelssohn-Bartholdy.*

ße 3 lernte er die schöne und geistreiche Rebecca, die jüngere Schwester von Felix Mendelssohn-Bartholdy und Fanny Hensel kennen und lieben. Nach längerem Widerstand der Eltern heiratete das Paar 1831 und hatte vier Kinder. Als Fanny Hensel einem Gehirnschlag erlegen war, kümmerte sich Rebecca um deren jugendlichen Sohn Sebastian. Dessen jüngster Sohn Kurt wiederum wurde später ein bekannter Mathematiker.

Dirichlet hatte neben vielen administrativen Aufgaben eine hohe Lehrbelastung zu bewältigen. Es war deshalb nicht nur eine große Ehre für ihn, sondern auch eine Erleichterung, 1855 nach dem Tod von Gauß dessen Lehrstuhl in Göttingen angeboten zu bekommen. Dennoch nahm er diesen Ruf nicht sofort an, sondern versuchte zunächst, in Berlin bessere Bedingungen auszuhandeln und vor allem von der Lehrverpflichtung an der Kriegsschule entbunden zu werden. Dirichlet wollte ungern seine Berliner Freunde verlassen. Als er jedoch vom Preußischen Ministerium keine zügige Antwort erhielt, entschied er sich für Göttingen. Die Gegenangebote aus Berlin trafen leider zu spät ein.

Das ruhigere Leben in Göttingen schien Dirichlet zu gefallen. Er hatte mehr Zeit für eigene Forschung und die Betreuung herausragender Studenten. Leider konnte er diese glückliche Zeit nur kurz genießen. Im Sommer 1858 nahm er an einer Konferenz in Montreux in der Schweiz teil und erlitt dort einen Herzinfarkt. Unter größten Schwierigkeiten kehrte er nach Göttingen zurück, um dort zu erfahren, dass seine Frau inzwischen an einem Schlaganfall gestorben war. Dirichlet starb 1859, wenige Wochen nach seiner Frau, im Alter von 54 Jahren. Ein letztes Bildnis Dirichlets hat sein Schwager, der Maler Wilhelm Hensel, gezeichnet.

^ *Im Berliner Mendelssohn-Bartholdy-Palais in der Leipziger Straße 3 lernte Dirichlet seine spätere Frau Rebecca kennen.*

ERNST EDUARD KUMMER

Ernst Eduard Kummer kam 1810 in Sorau/Niederlausitz (bis 1815 Sachsen, dann Provinz Brandenburg, Preußen, heute Żary in Polen) als Sohn eines Landarztes zur Welt. Nachdem sein Vater bereits drei Jahre später während einer Typhus-Epidemie verstarb, musste seine Mutter ihn und seinen älteren Bruder alleine aufziehen. Kummer erwies sich auf dem Gymnasium in Sorau als hervorragender Schüler. Nach seinem Schulabschluss 1828 begann er in Halle evangelische Theologie zu studieren, gab dieses Fach jedoch bald zugunsten der Mathematik auf, mit dem Ziel, Lehrer zu werden. An der Mathematik reizte ihn das rein abstrakte Denken, das zu logisch begründeten allgemein anerkannten Ergebnissen führt.

Mit 21 Jahren erhielt Kummer für eine mathematische Abhandlung zunächst einen Preis von seiner Universität, dann sogar den Doktor-Titel, daneben bestand er auch das Staatsexamen für das Lehramt. Nach einem Probejahr am Gymnasium in seiner Geburtsstadt Sorau wurde ihm eine Lehrerstelle am Gymnasium in Liegnitz/Niederschlesien (ab 1816 Provinz Schlesien, Preußen, heute Legnica in Polen) übertragen. Er unterrichtete dort 10 Jahre lang Mathematik (sowie andere Fächer) und muss ein begnadeter und inspirierender Lehrer gewesen sein, der gleichermaßen sowohl die begabten als auch die weniger talentierten Schüler förderte. Sein wohl berühmtester Schüler war Leopold Kronecker, der sich unter Kummers Anleitung bereits während seiner Schulzeit mit mathematischer Forschung beschäftigte. Beide sollten sich später in Berlin als Kollegen und Freunde wiedertreffen.

^ *E. E. Kummer wirkte jahrelang als Mathematiklehrer, bevor er eine seinen Leistungen gemäße Stelle als Mathematikprofessor erhielt.*

Kummer verfasste neben seinen Lehrverpflichtungen in seiner Freizeit mathematische Arbeiten, wobei ihn vor allem die Funktionentheorie interessierte. Er veröffentlichte 1836 einen ersten Aufsatz in Crelles Journal und nahm anschließend einen Briefwechsel mit den Berliner Mathematik-Professoren Jacobi und Dirichlet über mathematische Themen auf. Diese erkannten sehr schnell sein mathematisches Potential und setzten sich für ihn ein. 1839 wurde Kummer auf Empfehlung Dirichlets als korrespondierendes Mitglied in die Berliner Akademie aufgenommen. Jacobi bemühte sich währenddessen um eine Universitäts-Professur für ihn.

In seiner Liegnitzer Zeit heiratete Kummer 1840 Ottilie Mendelssohn, Tochter von Nathan Mendelssohn (dem jüngsten Sohn Moses Mendelssohns) und Henriette Hitzig sowie Cousine von Dirichlets Frau. Sie hatten vier gemeinsame Kinder, aber leider starb Ottilie nach nur acht Jahren Ehe. Relativ rasch nach dem Tod seiner ersten Frau heiratete Kummer erneut; seine zweite Frau Bertha kam aus der Künstler- und Gelehrtenfamilie Cauer und war die Cousine mütterlicherseits von Ottilie. Insgesamt hatte Kummer 13 Kinder.

Dank starker Unterstützung von Jacobi und Dirichlet wurde Kummer 1842 zum Ordinarius an der Universität Breslau (heute Wrocław in Polen) ernannt, wo er sich schnell einen Namen als hervorragender Universitätslehrer machte. Mit diesem Umzug verlagerte er seinen Forschungsschwerpunkt auf die Zahlentheorie. Seine größte Leistung war die Erfindung der »idealen Zahlen«, mit der er u. a. die Methodik zum Beweis von Fermats großem Satz wesentlich voranbringen konnte. Seine Rektoratszeit im Revolutionsjahr 1848 leitete er mit der Antrittsrede »Über die akademische Freiheit« ein.

^ *Die Büste von E. E. Kummer befindet sich in einem Hörsaal der Humboldt-Universität Unter den Linden.*

Nachdem Dirichlet 1855 die Nachfolge von Gauß in Göttingen angetreten hatte, erhielt Kummer einen Ruf an die Berliner Universität, da man sowohl seine Forschung als auch seine Lehre sehr schätzte. Seine Vorlesungen waren geistreich, lebendig und gut vorbereitet, es lag ihm sehr daran, seinen Studenten eine solide mathematische Grundlage zu geben. In Berlin begann Kummer auch, sich seinem dritten Forschungsschwerpunkt, der Geometrie, zu widmen. Er beschäftigte sich mit Strahlensystemen und geometrischer Optik sowie einem besonderen geometrischen Gebilde, das heute als Kummersche Fläche bekannt ist.

Außer an der Universität unterrichtete Kummer auch an der Allgemeinen Kriegsschule, der späteren Kriegsakademie. Kummer war darüber hinaus in der Universitätsverwaltung aktiv, und zwar sowohl als Dekan (1857/58 und 1865/66) als auch als Rektor (1868-1869). In der Akademie wurde er mit seinem Umzug nach Berlin ordentliches Mitglied, von 1863 bis 1878 war er Sekretar der mathematisch-physikalischen Klasse. Die Pariser Akademie der Wissenschaften zeichnete ihn im Jahr 1857 mit dem großen Preis für seine Arbeit zum Fermatschen Satz aus, kurze Zeit später wurde er zum Mitglied gewählt. Neben der Mitgliedschaft in der Royal Society in London seit 1863 erhielt er zahlreiche weitere Auszeichnungen.

Seine Lehrtätigkeit an der Kriegsakademie beendete Kummer 1874, während er an der Universität noch bis 1884 Vorlesungen hielt. Kummer konnte seine letzten Lebensjahre entspannt mit der Lektüre von Shakespeare und Goethe verbringen, bis er am 14. Mai 1893 im Alter von 83 Jahren verstarb.

In seiner geometrischen Forschungsphase entwickelte Kummer Flächen vierter Ordnung, die heute nach ihm benannt sind. ^

KARL THEODOR WILHELM WEIERSTRASS

Karl Theodor Wilhelm Weierstraß wurde 1815 in Ostenfelde/ Kreis Warendorf in Westfalen geboren. Sein Vater Wilhelm war ein gebildeter Mann, der damals als Sekretär des Bürgermeisters von Ostenfelde arbeitete. Karl war das älteste von vier Kindern. Als er acht Jahre alt war, wurde der Vater Steuerinspektor, was zur Folge hatte, dass die Familie häufig umzog und die Kinder daher oft die Schule wechseln mussten. Nachdem Karls Mutter 1827 im Alter von nur 36 Jahren verstorben war, heiratete der Vater ein Jahr später erneut.

1829 bekam der Vater eine Stelle am Finanzamt in Paderborn. Karl besuchte bis 1834 das dortige Katholische Gymnasium Theodorianum, war ein ausgezeichneter Schüler und beendete die Schule mit dem besten Zeugnis. Seine Liebe galt schon früh der Mathematik, er war kein Wunderkind, aber seine mathematischen Leistungen waren überdurchschnittlich, und bereits als Schüler las er regelmäßig Crelles Journal. Sein Vater wünschte jedoch, dass er Kameralwissenschaften (eine Kombination aus Finanzwesen, Ökonomie und Jura) studieren sollte, um später eine Stelle im preußischen Staatsdienst anzutreten. Karl gehorchte pflichtbewusst und ging 1834 nach Bonn, um dort ein entsprechendes Studium aufzunehmen. Da ihm dieses Fach jedoch überhaupt keinen Spaß machte, studierte er kaum, sondern versuchte, seinen inneren Konflikt durch Fechten und Trinken zu beschwichtigen. Nebenbei beschäftigte er sich autodidaktisch mit mathematischen Themen. 1838 verließ Karl schließlich die Universität Bonn ohne einen Abschluss. Sein zunächst aufgebrachter Vater ließ sich davon überzeugen, Karl an der Akademischen Lehr-

^ *Karl Weierstraß betrieb bereits neben seiner Tätigkeit als Schullehrer in der Provinz exzellente mathematische Forschung.*

anstalt in Münster weiterstudieren zu lassen. Dort hatte er die Möglichkeit, in relativ kurzer Zeit Gymnasiallehrer zu werden.

Im Mai 1839 schrieb sich Weierstraß in Münster ein, wo er endlich intensiv mathematische Studien betreiben konnte. Im Frühjahr 1841 legte er seine Prüfungen für das Lehrerexamen ab und absolvierte anschließend sein Probejahr an einer Schule in Münster. Nebenbei betrieb er stets eigenständig mathematische Forschung.

Ab 1842 war Weierstraß als Lehrer in Deutsch-Krone (Westpreußen) und ab 1848 in Braunsberg (Ostpreußen) tätig. Außer Mathematik musste er viele weitere Fächer unterrichten, wie Physik, Botanik, Geschichte, Turnen, Schönschreiben. Fernab von der mathematischen Welt arbeitete er außerdem in der ihm verbleibenden freien Zeit bis zur körperlichen Erschöpfung intensiv an seinen Forschungsthemen. Mitunter war er so in seine Formeln vertieft, dass er darüber den Tagesanbruch und seinen

^ *Im Auftrag der Akademie der Wissenschaften fertigte der Künstler Bruno Bade 1953 ein Ölgemälde von Karl Weierstraß an.*

Unterricht vergaß. Zunächst veröffentlichte er seine Ergebnisse nur in Schulzeitungen. Später wurde er mutiger und reichte eine Arbeit bei Crelles Journal ein, die 1854 veröffentlicht wurde. Diese Abhandlung war so hervorragend, dass sie ihn schlagartig in der mathematischen Fachwelt berühmt machte und die Universität Königsberg ihm obendrein die Ehrendoktorwürde verlieh.

Im Jahre 1855 wurde Weierstraß für ein Jahr vom Unterricht freigestellt, damit er sich besser auf seine wissenschaftlichen Arbeiten konzentrieren konnte. In dieser Zeit bewarb er sich um die Nachfolge Kummers in Breslau. Kummer konnte jedoch taktisch geschickt mit Unterstützung Alexander von Humboldts erreichen, dass Weierstraß nach Berlin berufen wurde. Im Jahr 1856 wurde Weierstraß zunächst Professor an der Gewerbeakademie, dann zusätzlich außerordentlicher Professor an der Universität und schließlich Mitglied der Akademie der Wissenschaften. Mit seiner Berufung begann eine neue Epoche für das mathematische Leben in Berlin. Weierstraß war bereits 41 Jahre alt, als er in seine offizielle wissenschaftliche Laufbahn einstieg, war aber in seinen ersten Jahren in Berlin weiterhin sehr produktiv und stieg zu einem international anerkannten Mathematiker auf. Mit seinen Vorlesungen lockte er Studenten aus der ganzen Welt nach Berlin.

Weierstraß' Vater verlegte seinen Wohnsitz nach Berlin, nachdem seine zweite Ehefrau verstorben war, und war glücklich, den Erfolg seines ältesten Sohnes miterleben zu können. Die beiden Schwestern kamen ebenfalls nach Berlin, wo sie gemeinsam in einer Wohnung lebten. Alle vier Geschwister blieben unverheiratet.

Da Weierstraß sowohl an der Universität als auch an der Gewerbeakademie Vorlesungen hielt, war er sehr stark belastet und brach im Jahre 1861 während einer Vorlesung vollständig zusammen. Seine Lehrtätigkeit konnte er erst nach einem Jahr wieder aufnehmen. Von dieser Zeit an blieb er während seiner Vorlesungen sitzen, und Studenten übernahmen das Anschreiben an der Tafel für ihn. 1864 wurde für Weierstraß ein ordentlicher Lehrstuhl an der Universität eingerichtet. Er arbeitete weiter ohne Unterlass, publizierte aber nur noch wenig. Seine Forschungsergebnisse flossen direkt in seine Vorlesungen ein, wobei seine Zuhörer stets an seinen Lippen hingen und anschließend Skripte aus dem Gehörten erstellten. Es machte ihn glücklich, wenn seine Ideen von guten Studenten aufgegriffen und weitergeführt wurden.

Weierstraß entwickelte einen immer noch aktuellen Vorlesungszyklus für die Analysis. Er hat dabei viele mathematische Konzepte präzisiert und manchen Begriffen Fassungen gegeben, die den Mathematikern das wissenschaftliche Arbeiten erheblich erleichtert haben, wie z.B. das Epsilon-Delta-Kriterium für den Stetigkeitsbeweis einer Funktion.

Die Weierstraßsche Beweisstrenge ist bis heute vorbildhaft. Weierstraß arbeitete erfolgreich auf den Gebieten der Analysis und der Differentialgeometrie und entwickelte auch die Funktionentheorie entscheidend weiter. Er war unermüdlich im Einsatz, obwohl sich seine gesundheitlichen Probleme dabei immer mehr verstärkten. Die letzten Jahre seines Lebens verbrachte er im Rollstuhl, bis er 1897 in Berlin verstarb. Er wurde auf dem Friedhof der St. Hedwigs Gemeinde an der Liesenstraße in Mitte bestattet. Seine Schriften sind (vermutlich nur unvollständig) von 1894 bis 1927 in acht Bänden herausgegeben worden, wobei er bis zu seinem Tode daran mitwirkte.

»…ES IST WAHR, EIN MATHEMATIKER, DER NICHT ETWAS POET IST, WIRD NIMMER EIN VOLLKOMMENER MATHEMATIKER SEIN.«

^ *Karl Weierstraß wurde auf dem Friedhof der Domgemeinde St. Hedwig, Liesenstraße 8 in Mitte bestattet.*

KARL WILHELM BORCHARDT

Karl Wilhelm Borchardt kam 1817 in Berlin als Sohn einer sehr wohlhabenden und angesehenen jüdischen Kaufmannsfamilie zur Welt. Er wurde privat von angesehenen Lehrern unterrichtet, in Mathematik zum Beispiel von Jakob Steiner und Julius Plücker. Ab 1836 studierte Borchardt Mathematik an der Berliner Universität bei Dirichlet. 1839 ging er nach Königsberg und hörte dort Vorlesungen bei Jacobi sowie Franz Neumann, der ihn besonders beeindruckte.

Borchardt promovierte 1843 bei Jacobi über Differentialgleichungen. Als Jacobi anschließend aus gesundheitlichen Gründen nach Italien ging, begleitete er ihn nach Rom und Neapel. Da Borchardt dort außerdem mit Dirichlet und Steiner zusammentraf, wurde sein Aufenthalt sehr produktiv. Den Winter 1846/47 verlebte Borchardt in Paris, wo er mit namhaften französischen Mathematikern zusammenarbeitete.

1848 habilitierte Borchardt sich in Berlin, arbeitete anschließend als Privatdozent und wurde 1855 Mitglied der Akademie. Er publizierte zu verschiedenen Themenbereichen der Mathematik und theoretischen Physik. Seine Lehrtätigkeit gab er 1861 auf. Nach Crelles Tod wurde er 1856 Herausgeber des Journals für die Reine und Angewandte Mathematik und blieb es bis zu seinem Tod 1880, obwohl es ihm am Schluss gesundheitlich sehr schlecht ging. Borchardt starb in Rüdersdorf bei Berlin und wurde auf dem Friedhof am Halleschen Tor in Kreuzberg bestattet.

^ *K. W. Borchardt wurde auf dem Friedhof III der Jerusalems- und Neuen Kirchen-Gemeinde, Mehringdamm 21, Kreuzberg bestattet.*

FERDINAND GOTTHOLD MAX EISENSTEIN

Jung stirbt, wen die Götter lieben. Dieses Sprichwort trifft nicht nur auf den norwegischen Mathematiker Niels Abel zu, sondern ebenso auf Gotthold Eisenstein, der 1823 in Berlin als Sohn eines wenig erfolgreichen Kaufmanns in bescheidenen Verhältnissen zur Welt kam. Fünf später geborene Geschwister starben in jungen Jahren, und auch Gottholds Gesundheitszustand war zeitlebens äußerst schwach. Schon als Kind zeigte er großes Interesse an der Mathematik aber auch an der Musik. Er besuchte zunächst eine Schule in Charlottenburg und anschließend das Friedrich-Wilhelm-Gymnasium sowie das Friedrichswerdersche Gymnasium in Berlin, wo er durch seinen Lehrer Schellbach gefördert wurde. Eisenstein las bereits mit 15 Jahren Werke von Euler, Lagrange und Gauß und hörte ab 1840 Vorlesungen bei Dirichlet an der Universität über Zahlentheorie, ein Gebiet, das ihn besonders interessierte. Im Sommer 1842 ging er mit seiner Mutter nach England, wo sein Vater bereits seit zwei Jahren vergeblich versuchte, eine gut bezahlte Arbeit zu finden. In seinem Gepäck befand sich Gauß' Werk »Disquisitiones Arithmeticae«, mit dem er sich intensiv beschäftigte. Nachdem sich seine Eltern getrennt hatten, siedelte er 1843 wieder mit seiner Mutter nach Berlin über, legte sein Abitur als Externer ab und immatrikulierte sich im Oktober an der Friedrich-Wilhelms-Universität.

Bereits im Januar 1844 reichte er seine erste eigene Forschungsarbeit bei Crelle ein, in dessen Zeitschrift anschließend die meisten seiner Arbeiten erschienen. Crelle machte Eisenstein im März auch mit Alexander von Humboldt bekannt, der

^ *G. Eisenstein hinterließ am Ende seines kurzen und tragischen Lebens eine Fülle bedeutender mathematischer Erkenntnisse.*

sich hingebungsvoll für ihn einsetzte und erreichte, dass der junge Mathematiker zahlreiche finanzielle Zuwendungen des Königs Friedrich Wilhelm IV., des Kultusministeriums sowie der Akademie erhielt. Das Gefühl, von der Barmherzigkeit anderer abhängig zu sein, lastete jedoch stets schwer auf dem sensiblen jungen Mann. Alleine im Jahr 1844 wurden in Crelles Journal 25 Arbeiten von Eisenstein veröffentlicht, die ihn schlagartig bekannt machten und ihm eine Einladung Gauß' nach Göttingen verschafften.

Nachdem sein enger Freund Leopold Kronecker 1845 Berlin verlassen hatte, fühlte sich Eisenstein sehr isoliert, und seine seit langem bestehende depressive Stimmung sowie sein allgemeiner Gesundheitszustand verschlimmerten sich. Auch Prioritätsstreitigkeiten mit Jacobi 1846 über das Problem der Kreisteilung wirkten sich negativ auf sein Gemüt aus.

Alexander von Humboldt gelang es schließlich, Eisenstein wieder aufzurichten. Er schaffte es auch, ihn von der militärischen Dienstpflicht befreien lassen, so dass er sich wieder völlig auf die Mathematik konzentrieren konnte. 1847 habilitierte sich Eisenstein an der Berliner Universität und hielt dort anschließend Vorlesungen als Privatdozent.

Problematisch wurde für ihn das Revolutionsjahr 1848. Eisenstein besuchte einige demokratische Veranstaltungen, ohne sich jedoch aktiv in das politische Geschehen einzubringen. Am 19. März geriet er zufällig in die Straßenkämpfe, wurde gefangen genommen und gewaltsam abgeführt. Diese Aktion verschlimmerte nicht nur seinen Gesundheitszustand, sondern hatte auch Auswirkungen auf seine weitere berufliche Laufbahn. Das Ministerium lehnte einen späteren Antrag von Dirichlet und Jacobi auf eine Universitäts-Professur für Eisenstein wegen dessen angeblicher republikanischer Gesinnung ab und kürzte auch sein Gehalt, was Alexander von Humboldt nur teilweise rückgängig machen konnte. Eisenstein wurde nun immer häufiger und ernster krank. Er schonte sich jedoch nicht und publizierte trotz seiner gesundheitlichen Probleme eine Abhandlung nach der anderen. Seine Vorlesungen hielt er notfalls sogar vom Bett aus, wenn er zu schwach war aufzustehen. Auf Gauß' Vorschlag wurde er 1851 gemeinsam mit Kummer zum korrespondierenden Mitglied der Göttinger Akademie ernannt; Anfang 1852 wurde er mit Dirichlets Unterstützung in die Berliner Akademie aufgenommen.

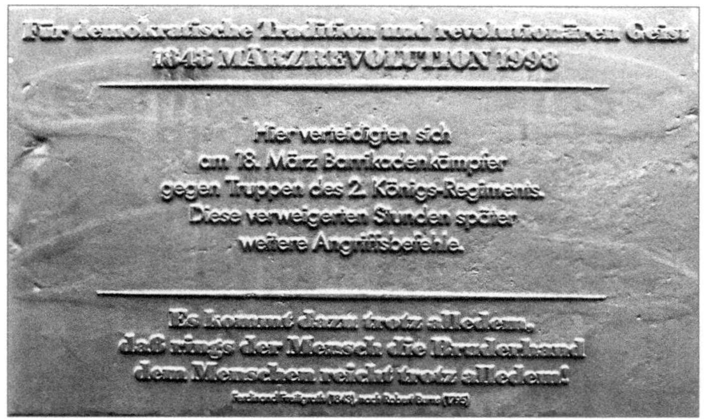

Als Eisenstein im Juli 1852 einen Blutsturz aufgrund einer Tuberkuloseerkrankung erlitt, konnte ihm Alexander von Humboldt eine finanzielle Zuwendung für einen einjährigen Sizilienaufenthalt verschaffen. Eisenstein war jedoch bereits zu schwach um die Reise anzutreten. Er starb im Oktober 1852 im Alter von nur 29 Jahren in Berlin und wurde auf dem Friedhof vor dem Halleschen Tor bestattet. Sein großer Förderer Humboldt gab ihm das letzte Geleit und sorgte für finanzielle Unterstützung der Eltern. 1869 stellten die Eltern die Briefe Humboldts an ihren Sohn zur Verfügung, damit der Verkaufserlös für ein Alexander-von-Humboldt-Denkmal verwendet werden konnte.

An Eisensteins mathematisches Wirken in der Zahlen- und Funktionentheorie erinnern nach ihm benannte Begriffe wie die Eisensteinzahl, Eisensteinreihen sowie Eisensteinfunktionen.

^ *In der Nähe dieser Gedenktafel für die Barrikadenkämpfe im März 1848 wurde Eisenstein verhaftet.*

LEOPOLD KRONECKER

Leopold Kronecker wurde 1823 in Liegnitz als Sohn einer gut situierten liberalen jüdischen Familie geboren. Sein Vater, der dort ein kaufmännisches Geschäft betrieb und ein gebildeter Mann war, ließ ihn anfangs durch Hauslehrer unterrichten. Auf dem Gymnasium zeichnete sich Kronecker später in allen Fächern durch Talent und Fleiß aus. Sein Lehrer Kummer erkannte schnell seine besondere Begabung und Neigung zur Mathematik und förderte ihn nachhaltig.

Kronecker begann sein Mathematikstudium 1841 in Berlin, wo er Vorlesungen bei Dirichlet, Jacobi und Steiner hörte. Anschließend ging er für ein Semester nach Bonn und dann nach Breslau, wohin sein früherer Mathematiklehrer inzwischen als Professor berufen worden war. Außer für sein Hauptstudienfach Mathematik interessierte sich Kronecker für Naturwissenschaften, Philosophie und die Sprachen des klassischen Altertums. 1844 kehrte er nach Berlin zurück und promovierte dort ein Jahr später bei Dirichlet mit Auszeichnung. Diesen Tag zählte er stets zu den schönsten Erinnerungen seines Lebens. Durch Dirichlet erhielt Kronecker auch Zugang zum Haus des Bankiers Alexander Mendelssohn, wo er unter anderem mit Felix Mendelssohn-Bartholdy und Alexander von Humboldt zusammentraf.

Nach der Promotion brach Kronecker seine wissenschaftliche Laufbahn aus familiären Gründen ab, verließ Berlin und leitete acht Jahre lang das landwirtschaftliche Gut des verstorbenen Bruders seiner Mutter in Schlesien. Er bewies auch hier seine Tüchtigkeit und konnte dadurch das beträchtliche Familienvermögen retten. 1848 heiratete er seine Cousine Fanny

^ *Leopold Kronecker betrieb als wohlhabender Privatgelehrter in Berlin Mathematik auf höchstem wissenschaftlichem Niveau.*

Prausnitzer. Aus dieser Ehe gingen sechs Kinder hervor. Außer um seinen eigenen Nachwuchs kümmerte sich Kronecker auch väterlich um seinen jüngeren Bruder Hugo, der später Physiologie-Professor in Bern wurde.

In diesen Jahren auf dem Land in Schlesien konnte sich Kronecker nur nebenbei in geringem Umfang mit der Mathematik beschäftigen. Er publizierte fast nichts, aber man weiß aus dem Briefkontakt, den er mit seinem Freund Kummer unterhielt, dass er immer einen Teil seiner Freizeit für die mathematische Forschung abzweigen konnte. Als sein Aufenthalt in Schlesien nicht mehr notwendig war, stand ihm ein so beträchtliches Vermögen zur Verfügung, dass er 1855 als reicher Privatgelehrter nach Berlin zurückkehren konnte, um dort Mathematik als Hobby zu betreiben. Er hatte keine Stelle an der Universität, nahm jedoch an deren mathematischem Leben teil und forschte gemeinsam mit den anderen Mathematikern. In rascher Folge publizierte er nun eine große Zahl von Arbeiten. Innerhalb eines Jahres nach Kroneckers Rückkehr nach Berlin wurden Kummer und Weierstraß nach Berlin berufen, so dass gemeinsam mit dem bereits seit 1848 lehrenden Borchardt ein gutes Team in der mathematischen Fakultät zur Verfügung stand.

Als Kronecker 1861 Mitglied der Preußischen Akademie der Wissenschaften wurde, hatte er auch das Recht, Vorlesungen an der Universität zu halten. Diese waren nicht unbedingt für durchschnittlich begabte Studenten geeignet, sondern orientierten sich an seiner aktuellen Forschung und waren sehr anspruchsvoll. 1868 erhielt Kronecker einen Ruf auf einen Lehr-

^ *Leopold Kronecker wurde auf dem Alten St. Matthäus-Friedhof in Schöneberg in einer beeindruckenden Grabanlage bestattet.*

stuhl in Göttingen, den er jedoch ablehnte, da er die wissenschaftliche Situation in Berlin viel attraktiver fand. Im selben Jahr wurde er in die Pariser Akademie aufgenommen. Nach Borchardts Tod im Jahr 1880 übernahm er die Redaktion von Crelles Journal. Erst als Kummer 1883 emeritiert wurde, erhielt Kronecker im Alter von 60 Jahren einen Lehrstuhl in Berlin.

Kronecker lieferte hervorragende Forschungsergebnisse in der Algebra und Zahlentheorie sowie auf dem Gebiet der elliptischen Funktionen. In späterer Zeit änderte sich sein mathematisches Grundverständnis, als er nur noch die ganzen Zahlen anerkennen wollte und Beweise, die mit endlich vielen Schritten durchgeführt werden konnten. Auf der Naturforscher-Tagung 1886 in Berlin machte er seine Ansichten mit dem immer noch berühmten Spruch »Die ganzen Zahlen hat der liebe Gott geschaffen, alles andere ist Menschenwerk« zum ersten Mal öffentlich bekannt. Dieses prominente Zitat ist sogar in die Romanliteratur eingegangen; die Kriminalautorin Dorothy L. Sayers legt ihn in ihrem Roman »Aufruhr in Oxford« einer College-Quästorin in den Mund. Kronecker stand mit seinen ungewöhnlichen Ideen in unmittelbarem Widerstreit zu Weierstraß' Verständnis der Analysis und zu Cantors Ideen in der Mengenlehre.

Nachdem Kroneckers Frau im August 1891 bei einem Unfall ums Leben gekommen war, verstarb er selber im Dezember desselben Jahres in Berlin. Da er ein Jahr vor seinem Tod zum christlichen Glauben übergetreten war, wurde er auf dem evangelischen Alten St.-Matthäus-Friedhof in Schöneberg bestattet.

»DIE GANZEN ZAHLEN HAT DER LIEBE GOTT GESCHAFFEN, ALLES ANDERE IST MENSCHENWERK.«

^ *Auf dem Campus der Humboldt-Universität in Adlershof ist eine Straße zu Ehren von Leopold Kronecker benannt.*

PAUL DU BOIS-REYMOND

Der 1831 in Berlin geborene Paul du Bois-Reymond entstammte einer Hugenotten-Familie. Sein Vater war 1804 von Neuchâtel (heute Schweiz), das damals zum preußischen Hoheitsgebiet gehörte, nach Berlin gezogen, wo er als Lehrer an einer Kadettenschule arbeitete. Seine Mutter war die Tochter eines Pfarrers der französischen Gemeinde in Berlin. Paul hatte vier Geschwister. Sein ältester Bruder Emil, der sich während seines Studiums auch intensiv mit Mathematik beschäftigt hatte, wurde später ein berühmter Physiologe an der Berliner Universität.

Paul orientierte sich stark an seinem 13 Jahre älteren Bruder Emil. Er besuchte das Französische Gymnasium in Berlin sowie eine höhere Schule in Neuchâtel und studierte zunächst Medizin in Zürich. Nach einem Wechsel an die Universität in Königsberg favorisierte er jedoch die Mathematik. Paul du Bois-Reymond promovierte 1859 bei Kummer in Berlin mit einer Arbeit »Über das Gleichgewicht von Flüssigkeiten«. Anschließend unterrichtete er Mathematik und Physik an einer höheren Schule in Berlin, forschte aber weiterhin auf dem Gebiet der angewandten Mathematik. 1865 habilitierte er sich ebenfalls bei Kummer und hatte danach Lehrstühle in Heidelberg, Freiburg und Tübingen inne. Der Schwerpunkt seiner Forschung, die zu bedeutenden Ergebnissen führte, lag in der Theorie der Differentialgleichungen. 1884 nahm er einen Ruf als Mathematikprofessor an die Technische Hochschule Charlottenburg an, wo er bis zu seinem frühen Tod 1889 wirkte. Bestattet wurde er auf dem Alten St. Matthäus Friedhof in Schöneberg.

IMMANUEL LAZARUS FUCHS

Der 1833 in Moschin (Provinz Posen, heute Polen) geborene Immanuel Lazarus Fuchs verließ mit 14 Jahren sein ärmliches Elternhaus. Unter äußerst schwierigen Lebensbedingungen bildete er sich in Posen weiter und bestand 1853 glänzend seine Abiturprüfungen. Da die Mathematik schon in der Schule seine große Leidenschaft war, stand sein Studienfach frühzeitig fest, jedoch musste er sich zunächst als Hauslehrer die notwendigen finanziellen Mittel beschaffen. Ab 1854 besuchte er die Berliner Universität und hörte dort Vorlesungen bei Dirichlet, Kummer, Borchardt und Weierstraß. Fuchs promovierte 1858 bei Kummer und erwarb auch die Lehrbefähigung für den Schulunterricht.

Anschließend arbeitete er als Lehrer an mehreren höheren Lehranstalten in Berlin, forschte aber gleichzeitig mit dem Ziel, später einmal Universitätsprofessor zu werden. Seine Habilitation erfolgte 1865 mit einer überragenden Arbeit zu Differentialgleichungen, die ihm ein Jahr später die Ernennung zum außerordentlichen Professor an der Berliner Universität einbrachte. Nach Stationen als ordentlicher Professor in Greifswald, Göttingen und Heidelberg kam er 1884 als Nachfolger seines ehemaligen Lehrers Kummer nach Berlin zurück.

Fuchs forschte vor allem auf den Gebieten Funktionentheorie und Differentialgeometrie; die Fuchs-Gruppen sind nach ihm benannt. Ab 1892 war Fuchs Herausgeber von Crelles Journal, 1899 wurde er Rektor der Universität. Fuchs verstarb 1902 in Berlin und wurde auf dem Alten St. Matthäus Friedhof in Schöneberg bestattet.

^ *I. L. Fuchs' überragende Habilitationsschrift verschaffte ihm schnell eine Professorenstelle.*

HERMANN AMANDUS SCHWARZ

Hermann Amandus Schwarz kam 1843 in Hermsdorf (Schlesien, heute Polen) als Sohn eines Architekten zur Welt. An der Berliner Gewerbeakademie begann er das Studium der Chemie, wechselte aber bald unter dem Einfluss von Kummer und Weierstraß zur Mathematik und zur Berliner Universität. Er promovierte 1864 bei Kummer, am nachhaltigsten geprägt haben ihn jedoch die Vorlesungen bei Weierstraß; er betrachtete sich als Mitglied der von Weißerstraß inspirierten »Berliner Schule«.

Schwarz wirkte als Hochschullehrer in Halle, Zürich und Göttingen, bevor er 1892 als Nachfolger von Weierstraß nach Berlin berufen wurde und dort bis 1917 lehrte. Er beschäftigte sich vor allem mit der Analysis und ihren Anwendungen; sein Name ist Bestandteil mehrerer mathematischer Begriffe und Formeln, z. B. Cauchy-Schwarzsche-Ungleichung. In Berlin wurde Schwarz allerdings stark durch seine Vorlesungen und Verwaltungsarbeiten beansprucht, so dass er kaum noch Zeit für eigene Forschungen aufbringen konnte.

Schwarz hatte 1868 Marie Elisabeth Kummer (eine Tochter seines Doktorvaters) geheiratet, womit sich die Anekdote bestätigte, dass mathematische Begabung eher auf den Schwiegersohn als auf den Sohn vererbt wird. Aus der Ehe gingen sechs Kinder hervor. Ein Enkelsohn (und damit auch Nachfahre von Moses Mendelssohn), Roland Sprague, wurde ebenfalls Mathematiker. Dieser wirkte als Studienrat an Berliner Schulen und später als Professor an der Pädagogischen Hochschule. Schwarz selber lebte in der Villenkolonie Grunewald, war dort zeitweise ehrenamtlicher Bürgermeister und wurde nach seinem Tod 1921 auf dem Friedhof an der Bornstedter Straße in Wilmersdorf bestattet.

^ *H. A. Schwarz war ein rühriger Bewohner der Villenkolonie Grunewald. Sein früheres Haus wurde durch einen Neubau ersetzt.*

GEORG CANTOR

Georg Cantor wurde 1845 in St. Petersburg als Sohn eines erfolgreichen Börsenmaklers geboren. Als er elf Jahre alt war, zog die Familie zunächst in die Kurstadt Wiesbaden und später nach Frankfurt am Main. Cantor interessierte sich für Religion und Musik, seine besondere Liebe galt aber der Mathematik. Daher studierte er dieses Fach in Zürich, Göttingen und schließlich Berlin, wo er Vorlesungen bei Weierstraß, Kummer und Kronecker besuchte. Cantor promovierte bei Kummer auf dem Gebiet der Zahlentheorie und unterrichtete danach kurze Zeit am Friedrich-Wilhelm-Gymnasium in Berlin. Anschließend wechselte er nach Halle an der Saale, wo er sich habilitierte, später eine Professorenstelle erhielt und sein weiteres Leben verbrachte.

Bekannt ist Cantor vor allem als Begründer der Mengenlehre. Seine erste Arbeit dazu erschien 1874, als er bewies, dass die rationalen Zahlen ebenso wie die natürlichen Zahlen abzählbar sind, die reellen Zahlen jedoch nicht. Einen eleganten und sehr einfachen Nachweis der Überabzählbarkeit der reellen Zahlen publizierte er 1891; dieser basiert auf dem später nach ihm benannten Diagonalisierungsverfahren. Seine Ideen waren ebenso revolutionär wie umstritten. So meinte der Göttinger Mathematikprofessor David Hilbert: »Aus dem Paradies, das uns Cantor geschaffen, soll uns niemand vertreiben können«, wogegen Kronecker ein besonders erbitterter Gegner seiner Theorien war. Ab 1884 litt Cantor wiederholt an Depressionen und musste sich im Laufe der Zeit immer häufiger in psychiatrische Behandlung begeben. Er starb 1918 in einer Klinik in Halle.

^ *Dem Leben und Werk Georg Cantors wurde die 2006 uraufgeführte Oper »Cantor – Die Vermessung des Unendlichen« gewidmet.*

FERDINAND GEORG FROBENIUS

Ferdinand Georg Frobenius war zeitlebens privat und wissenschaftlich eng mit Berlin verbunden. Geboren wurde er 1849 in Charlottenburg als Sohn eines protestantischen Pastors. Ab 1860 besuchte er das Joachimsthalsche Gymnasium in Berlin und machte dort 1867 sein Abschlussexamen. Danach studierte er ein Semester in Göttingen, bevor er wieder nach Berlin zurückkehrte. Er besuchte Vorlesungen und Seminare bei Kummer, Weierstraß und Kronecker und promovierte bei Weierstraß im Jahr 1870 über Funktionentheorie mit Auszeichnung. In den folgenden Jahren arbeitete er als Schullehrer und unterrichtete zunächst am Joachimsthalschen Gymnasium und später an der Sophien-Realschule in Berlin.

1874 wurde Frobenius an der Berliner Universität zum außerordentlichen Professor ernannt, ohne habilitiert zu haben. Diese ungewöhnliche Beförderung verdankte er der starken Unterstützung durch Weierstraß, der ihn für einen seiner begabtesten Studenten hielt. Bereits nach einem Jahr verließ Frobenius aber Berlin, da er auf eine Stelle als ordentlicher Professor am Eidgenössischen Polytechnikum in Zürich berufen wurde. Frobenius blieb von 1875 bis 1892 in Zürich, heiratete dort und leistete in diesen 17 Jahren bedeutende Beiträge auf verschiedenen mathematischen Gebieten, wie lineare Differentialgleichungen, Gruppentheorie und Darstellungstheorie.

Im Dezember 1891 starb Kronecker, und sein Lehrstuhl war neu zu vergeben. Da Weierstraß Frobenius für die ideale Besetzung hielt, machte er erneut seinen Einfluss geltend, um Frobenius als Kroneckers Nachfolger nach Berlin zu berufen.

^ *Der aus Charlottenburg stammende G. Frobenius war als Schullehrer und Professor in Berlin tätig.*

Frobenius wurde 1892 zum Professor an der Berliner Universität und gleichzeitig zum Mitglied der Preußischen Akademie der Wissenschaften ernannt. Bis zu seinem Tode 1917 blieb er die dominante Persönlichkeit unter den Berliner Mathematikern. Er war jedoch weder wissenschaftspolitisch noch menschlich in der Lage, die mathematische Glanzzeit an der Berliner Universität fortzuführen. Die Anzahl der Studenten an der Berliner Universität nahm zwar in dieser Zeit deutlich zu, die Zahl der Promotionen und Habilitationen sank dagegen. Dennoch hatte Frobenius einige bedeutende Doktoranden, wie Edmund Landau, Issai Schur und Robert Remak, die ihren Lehrer sehr schätzten. Auch die zahlreichen Hörer seiner ausgezeichnet vorbereiteten und verständlichen Vorlesungen wussten seinen Einsatz zu würdigen.

Frobenius bemerkte natürlich selbst, dass er das Weierstraßsche Erbe nicht würdig vertreten konnte. Zudem erregten ihn organisatorische Probleme an der Universität stärker als für ihn körperlich verträglich war. Frobenius erlag 1917 seinem bereits lange bestehenden Herzleiden.

SOFJA KOVALEVSKAJA

Sofja Kovalevskaja wurde 1850 in Moskau als zweite Tochter des zaristischen Offiziers Krukovski geboren. Ihre Schwester Anjuta war acht Jahre älter, ihr Bruder Fjodor fünf Jahre jünger als sie. Als sie acht Jahre alt war, quittierte ihr Vater seinen Dienst bei der Armee und zog mit seiner Familie auf das vom Vater geerbte Landgut in Palibino (heute Weißrussland). Zeitweise lebte man auch in St. Petersburg. Sofja schwärmte für den Schriftsteller Fjodor Dostojewski, den sie dort kennen lernte und der ihrer Schwester sogar einmal einen Heiratsantrag machte.

Sofjas Leidenschaft galt von Kindheit an der Mathematik. Ihr Interesse an diesem Fach wurde schon früh durch einen Bruder ihres Vaters geweckt, der sich autodidaktisch gerne mit Mathematik beschäftigte und in Sofja eine faszinierte Zuhörerin seiner anschließenden Vorträge über das Gelesene fand. Mathematische Talente gab es auch in der Familie ihrer Mutter; so war einer ihrer Vorfahren als bedeutender Mathematiker und Astronom in den 1780er Jahren an die Petersburger Akademie berufen worden und hatte auch mit Gauß korrespondiert. Einen eher ungewöhnlichen Kontakt zur Mathematik bekam Sofja mit elf Jahren, als das Gut Palibino renoviert wurde und die Tapeten zwischendurch ausgingen. Da es sehr aufwändig gewesen wäre, neue Tapeten zu beschaffen, wurden die Wände ihres Kinderzimmers kurzerhand mit Papieren beklebt, die man auf dem Dachboden gefunden hatte. Es handelte sich zufällig um das Skript einer Vorlesung über Differential- und Integralrechnung, das ihr Vater in seiner Studienzeit erworben hatte. Sofja liebte es, stundenlang die geheimnisvollen mathematischen Zeichen

^ *Sofja Kovalevskaja war die erste Frau, die – betreut von K. Weierstraß – einen Doktorgrad in der Mathematik erwerben konnte.*

an der Wand zu betrachten. Sie fühlte sich immer stärker zur Mathematik hingezogen und begann, ihre anderen Unterrichtsfächer zu vernachlässigen. Ihr stark beunruhigter Vater verbot ihr daraufhin den Mathematikunterricht, sie lieh sich jedoch ein Algebrabuch aus und las es heimlich abends unter der Bettdecke. Später konnte sie sich gegenüber ihrem Vater durchsetzen, der ihr erlaubte, bei verschiedenen Privatlehrern Unterricht in höherer Mathematik zu nehmen. Ein anschließendes Mathematikstudium erschien allerdings zunächst aussichtslos, da Frauen in Russland nicht studieren und nicht einmal als Gasthörerinnen an Vorlesungen teilnehmen durften.

Sofja gelang es jedoch mit einem Trick, ihre Wünsche durchzusetzen. Ihrer Schwester verdankte sie den Kontakt zu einer intellektuellen Jugendbewegung in Russland, den sogenannten Nihilisten, die sich in den 1860er Jahren gegen die herrschenden Moralvorstellungen und politischen Strukturen wandten und sich vor allem für die Emanzipation und wissenschaftliche Ausbildung der Frauen einsetzten. Sofja lernte dort den Paläontologie-Studenten Wladimir Kowalewski kennen, mit dem sie 1868 eine Scheinehe einging. Es war eine Ehrensache für Anhänger der nihilistischen Bewegung, russische Frauen auf diese Weise aus ihrem Elternhaus zu befreien und ihnen ein Studium im Ausland zu ermöglichen. Im April 1869 verließ Sofja mit ihrem Mann Russland und ging nach Heidelberg, um Mathematik und Physik zu studieren. Offiziell immatrikulieren konnte sie sich zwar als Frau auch in Heidelberg nicht, aber sie wurde als Gasthörerin zugelassen. Zum Wintersemester 1870 wechselte sie auf Anraten ihres Heidelberger Dozenten Leo Koenigsberger nach Berlin, zum seinerzeit bekanntesten deutschen Mathematiker Karl Weierstraß.

Trotz sehr guter Empfehlungsschreiben prüfte Weierstraß sie zunächst. Er war von ihren Fähigkeiten dann aber so begeis-

^ *Sofja Kovalevskaja, die sich von Kindheit an für Mathematik interessiert hatte, war die erste Mathematikprofessorin weltweit.*

tert, dass er sie bis zum Sommer 1874 unentgeltlich privat unterrichtete, da die preußische Universität Frauen – anders als im liberalen Baden – nicht einmal als Gasthörerinnen zuließ. Einmal in der Woche kam ihr Lehrer zu ihr in ihre kleine Wohnung, am Sonntag besuchte sie ihn. Weierstraß wurde nicht nur ihr Lehrer, sondern lebenslang ein enger väterlicher Freund, obwohl er ihre sozialistischen und emanzipatorischen Ideen stets missbilligte. Auf Anregung und mit Unterstützung von Weierstraß beantragte Sofja im Frühjahr 1874 die Zulassung zur Promotion in Göttingen. Sie legte dafür drei wissenschaftliche Abhandlungen vor, von denen jede für sich allein als Dissertation ausgereicht hätte. Aufgrund ihrer hervorragenden Leistungen wurde sie im August 1874 mit summa cum laude promoviert. Die Promotion erfolgte ohne mündliche Prüfung »in absentia«. Sie war damit die erste Frau, die einen Doktorgrad in Mathematik erwarb.

Nach der Promotion kehrte Sofja zusammen mit ihrem Mann nach St. Petersburg zurück. Da sie als Frau jedoch keine akademische Tätigkeit ausüben durfte, wandte sie sich von der Mathematik ab und versuchte, ein konventionelles Eheleben zu führen. Im Oktober 1878 brachte sie ihre Tochter Fufa zur Welt, aber ab 1880 begann sie wieder, mathematisch zu forschen. Sie zog mit ihrem Mann und ihrer Tochter nach Moskau und besuchte regelmäßig die Veranstaltungen der dortigen Mathematischen Gesellschaft. Sie war wieder von der Mathematik fasziniert und versuchte, fachlich erneut Fuß zu fassen. Im März 1881 verließ sie ihren Mann, der sich finanziell völlig ruiniert hatte, und machte sich mit ihrer Tochter auf den Weg zu Weierstraß nach Berlin. Sie blieb bis zum Winter und ging dann nach Paris, allerdings ohne ihre Tochter, die bei einer guten Freundin in Russland untergebracht wurde. Im Mai 1882 besuchte der schwedische Mathematiker Gösta Mittag-Leffler, ein Schüler von Weierstraß, Sofja in Paris und stellte sie den wichtigsten französischen Mathematikern vor. Schon im Juli desselben Jahres wurde sie von ihnen in die dortige Mathematische Gesellschaft aufgenommen.

Da sie gezwungen war, den Lebensunterhalt für sich und ihre Tochter selbst zu verdienen, bemühte sie sich mit Unterstützung ihrer Freunde um eine Stelle als Mathematikerin irgendwo in Europa. Das war für eine Frau generell sehr schwierig, für eine verheiratete Frau, die getrennt von ihrem Mann lebte, erwies es sich jedoch als völlig unmöglich. Die Situation änderte sich erst, als Wladimir Kowalewski im April 1883 Selbstmord beging. Nun besaß Sofja den respektierten Status einer Witwe. Ihr schwedischer Freund und Kollege Mittag-Leffler konnte ihr eine Stelle als Privatdozentin an der neu gegründeten und halb privaten Stockholmer „högskolan" (später umbenannt in Universität Stockholm) verschaffen. Ihre Ankunft in Stockholm Ende 1883 war eine Sensation, so ungewöhnlich war es, dass eine Frau eine Dozentenstelle erhielt und dafür auch noch in ein fremdes Land ging. Im Januar 1884 hielt Sofja in Stockholm ihre erste Vorlesung und im Juni bekam sie einen Fünfjahresvertrag als Professorin für höhere Analysis. Außerdem wurde sie Redaktionsmitglied der 1882 gegründeten renommierten mathematischen Zeitschrift Acta Mathematica.

Im Frühjahr 1886 glückte ihr der Durchbruch bei der Lösung des sogenannten Rotationsproblems, der mathematischen Beschreibung der Bewegung eines starren Körpers um einen festen Punkt. Dafür wurde ihr im Dezember 1888 von der französischen Akademie der Wissenschaften der Bordin-Preis verliehen. Sofjas Arbeit wurde für so gut erachtet, dass sogar das Preisgeld erhöht wurde. Als 1889 ihre Professur auslief, setzte sich Mittag-Leffler erneut für sie ein und erreichte, dass ihr im Juni 1889 eine Professur auf Lebenszeit übertragen wurde. Sofja war damit die erste Frau, die einen Lehrstuhl an einer Universität erhielt.

In ihren letzten Lebensjahren betätigte sich Sofja auch auf literarischem Gebiet. Nach der Preisverleihung begann sie mit der Niederschrift ihrer Kindheitserinnerungen. Das Buch erschien 1889 in Schweden und war ein großer Erfolg. 1890 schrieb sie den Roman »Die Nihilistin«, der jedoch erst nach ihrem Tod herauskam.

Von einer Reise nach Frankreich 1891 kehrte Sofja stark erkältet nach Stockholm zurück und verstarb kurz danach an einer schweren Lungenentzündung. Mit 41 Jahren war sie gerade auf dem Höhepunkt ihres mathematischen Ruhms angelangt. Ihre letzten Worte waren: »Zuviel Glück.«

^ *Zu Ehren von Sofja Kovalevskaja kam 1996 in Russland die Sonderbriefmarke mit ihrem Porträt heraus.*

KURT HENSEL

Kurt Hensel entstammte einer Familie, die fast 200 Jahre die Berliner Kultur und Geschichte prägte. Er kam 1861 in Königsberg (heute Kaliningrad/Russland) als der jüngere Sohn und viertes von fünf Kindern des ostpreußischen Gutsbesitzers Sebastian Hensel zur Welt. Dessen Eltern waren die Komponistin und Pianistin Fanny Hensel, geborene Mendelssohn-Bartholdy und der Kunstmaler Wilhelm Hensel aus Berlin; Kurt war also ein Ururenkel von Moses Mendelssohn. Da passte es natürlich gut, dass sein älterer Bruder Philosoph und er selbst Mathematiker wurden. Außerdem hatten die Kinder das musikalische Talent ihrer Großmutter geerbt. Seine Kindheit verbrachte Kurt auf dem elterlichen Gut in der Nähe von Königsberg, wo er Privatunterricht erhielt. Als er neun Jahre alt war, verkaufte sein Vater den Landsitz und nahm eine Stelle als Direktor einer Baugesellschaft in Berlin an.

In Berlin besuchte Hensel das Friedrich-Wilhelm-Gymnasium. Sein Mathematiklehrer war Karl Schellbach, der seinen talentierten Schüler schnell für die Mathematik begeistern konnte. So gab es keinen Zweifel daran, dass Hensel Mathematik studierte, und zwar überwiegend an der Berliner Universität, aber zwischendurch auch zwei Semester in Bonn. Zu seinen Lehrern gehörten Weierstraß, Borchardt und insbesondere Kronecker, der ihn nachhaltig beeinflusste und förderte. Hensel war einer der wenigen Studenten, die Kroneckers schwierigen Vorlesungen vollständig folgen konnten. Nach seiner Promotion 1884 bei Kronecker war Hensel so erschöpft, dass er seine Forschung einige Zeit unterbrechen musste. Er überbrückte diese Periode mit

^ *Kurt Hensel entstammte der berühmten Familie Mendelssohn, die einige bedeutende Mathematiker hervorbrachte.*

Reitstunden und der ihm von Kronecker empfohlenen Lektüre der damals gerade erscheinenden Karl-May-Romane. 1886 habilitierte sich Hensel, ebenfalls bei Kronecker. Anschließend wirkte er als Privatdozent in Berlin und wurde hier auch schon zum (außerordentlichen) Professor ernannt. Aus dieser Zeit stammt sein Konzept der p-adischen Zahlen in der Zahlentheorie.

Kurt Hensel heiratete 1887 in Berlin Gertrud Hahn; aus dieser Ehe gingen vier Töchter und ein Sohn hervor. Eine der Töchter wurde die Mutter des englischen Mathematikprofessors Walter Hayman, der am Imperial College in London lehrte und die Mathematikolympiade in Großbritannien begründete.

1901 nahm Hensel den Ruf auf einen Lehrstuhl an der Universität Marburg an. Er erhielt in jener Zeit viele weitere Angebote, blieb aber zeitlebens in Marburg. Nach seiner Emeritierung 1930 lebte er sehr zurückgezogen und starb 1941 an einem Herzinfarkt.

Hensel war von 1903 bis 1936 Herausgeber von Crelles Journal. Außerdem widmete er viele Jahre seines Lebens der Publikation von Kroneckers gesammelten Werken und Vorlesungen. Nach ihm benannt sind das Henselsche Lemma sowie die Henselschen Ringe und Körper.

ADOLF KNESER

Adolf Kneser ist Stammvater einer Mathematiker-Dynastie. Sein Talent vererbte sich auf seinen Sohn Hellmuth sowie dessen Sohn Martin, die beide ebenfalls Mathematikprofessoren wurden. Geboren wurde Kneser 1862 im mecklenburgischen Grüssow als Sohn eines Pfarrers. Nach dem frühen Tod des Vaters zog die Mutter mit ihren vier Söhnen nach Rostock, wo Adolf die höhere Schule und anschließend die Universität besuchte. Sein bemerkenswertes mathematisches Talent konnte jedoch erst an der Universität in Berlin adäquat gefördert werden. Kneser besuchte in Berlin Vorlesungen von Kronecker und wurde auch von Weierstraß beeinflusst. Nach einem ergänzenden Studium in Heidelberg promovierte Kneser 1884 in Berlin bei Kronecker auf dem Gebiet der Algebra. Noch im selben Jahre habilitierte er sich in Marburg und lehrte anschließend dort sowie später in Breslau (heute Polen) und Dorpat (damals Russland, heute Estland). Kneser heiratete während seiner Zeit in Dorpat und hatte vier Söhne.

1900 wechselte Kneser auf den Lehrstuhl für Mathematik an der Bergakademie in Berlin. Sein wichtigstes Forschungsgebiet lag inzwischen in der Analysis. Das in Berlin publizierte »Lehrbuch der Variationsrechnung« gilt noch heute als Klassiker. Seine Interessen beschränkten sich jedoch nicht nur auf die Mathematik, sondern umfassten stets auch Philosophie und Wissenschaftsgeschichte. Nach fünf Jahren Aufenthalt in Berlin kehrte Kneser nach Breslau zurück, wo er bis zu seinem Tode im Jahre 1930 lehrte.

^ *Adolf Kneser war einer der Gründerväter der »Berliner Mathematischen Gesellschaft«.*

CONSTANTIN CARATHÉODORY

Constantin Carathéodory gilt als der bedeutendste Mathematiker Griechenlands seit der Antike. Geboren wurde er 1873 in Berlin als Sohn einer griechischen Diplomatenfamilie, aufgewachsen ist er in Brüssel. Trotz großer mathematischer Begabung nahm er zunächst ein Ingenieurstudium auf und arbeitete als Bauingenieur in Griechenland und Ägypten.

Mit 27 Jahren entschloss er sich jedoch, seinen Lebenstraum zu verwirklichen und sich nur noch mit Mathematik zu beschäftigen. Sein Studium führte ihn zunächst nach Berlin und später nach Göttingen, wo er 1904 promovierte und 1905 habilitierte. Stationen seiner anschließenden Tätigkeit als Hochschullehrer waren Bonn, Hannover, Breslau, Göttingen. Er lieferte fundamentale Ergebnisse auf vielen mathematischen Gebieten. Albert Einstein verdankte einem Briefwechsel mit ihm die mathematischen Grundlagen der Relativitätstheorie.

1918 nahm Carathéodory einen Ruf an die Berliner Universität an und wurde 1919 auch Mitglied der Akademie der Wissenschaften in Berlin. Da er aber stets großes Interesse an Griechenland hatte, ging er 1920 nach Smyrna (heute Izmir, Türkei), um dort eine griechische Universität aufzubauen. Seine Arbeit endete jedoch 1922 in einer politischen Katastrophe. Nach einem kurzen Lehraufenthalt in Athen entschied er sich 1924 für einen Lehrstuhl in München, den er bis zu seiner Emeritierung 1938 innehatte. Carathéodory starb 1950 in München.

^ *Ein Großonkel Constantin Carathéodorys vertrat 1878 auf dem Berliner Kongress das Osmanische Reich als Außenminister.*

ISSAI SCHUR

Issai Schur kam 1875 in Mogilew (damals Russland, heute Mahiljou in Weißrussland) als Sohn eines jüdischen Großhändlers zur Welt. Mit 13 Jahren schickten seine Eltern ihn zu seiner verheirateten Schwester nach Lettland. Er besuchte dort ein deutschsprachiges Gymnasium und sprach anschließend perfekt deutsch.

Seine akademische Ausbildungszeit verbrachte er ausschließlich in Berlin. 1894 immatrikulierte er sich an der Berliner Universität in den Fächern Mathematik und Physik, legte bereits als Student eigene Forschungsergebnisse vor und promovierte 1901 bei Frobenius »summa cum laude«. Nach seiner Habilitation 1903 wurde er Privatdozent an der Berliner Universität. Er beschäftigte sich innerhalb der Algebra vor allem mit der Darstellungstheorie von Gruppen. Frobenius fällt das Verdienst zu, von Anfang an das meisterhafte Können Schurs erkannt und ihn stets gefördert zu haben. Von 1911 bis 1916 war Schur als außerordentlicher Professor in Bonn tätig. 1916 schaffte Frobenius es endlich nach vielen vergeblichen Versuchen, Schur nach Berlin zurückzuholen, aber zunächst nur in die Position eines außerordentlichen Professors. Obwohl Schur ab 1904 auf zahlreichen Berufungslisten stand, musste er lange auf eine ordentliche Professorenstelle warten. Als russischer Jude hatte auch ein so vielseitiger und beliebter Lehrer und hervorragender Forscher wie Schur nur geringe Chancen, an einer preußischen Universität anerkannt zu werden. Nachdem er 1921 einen Lehrstuhl an der Berliner Universität erhalten hatte, wurde er 1922 außerdem in die Preußische Akademie der Wissenschaften aufgenommen.

^ *Der aus Russland stammende Issai Schur verbrachte den größten Teil seines Lebens als Mathematiker in Berlin.*

Schurs Vorlesungen waren sorgfältig vorbereitet und sehr gut verständlich. Er stellte hohe Ansprüche an seine Studenten, war ihnen gegenüber aber auch freundlich und hilfsbereit. Dass die Berliner Universität in den 1920er Jahren wieder ein hohes Prestige erreichen konnte, war zum großen Teil seinen Vorlesungen zu verdanken. Er war zwar auch ein Vertreter der reinen Mathematik, aber kämpfte nicht gegen die angewandten Mathematiker, wie Frobenius es getan hatte.

Die Situation an der Berliner Universität änderte sich für Schur mit der Machtübertragung auf Adolf Hitler. Schur wurde als Jude im Frühjahr 1933 von seiner Professorenstelle suspendiert und von der Universität ausgesperrt, obwohl er bereits vor dem Ersten Weltkrieg preußischer Beamter gewesen war und somit unter die Ausnahmeregelung fiel. Sein Kollege Erhard Schmidt setzte sich jedoch für ihn ein, und die Entlassung wurde im Wintersemester 1933/34 wieder zurückgenommen. Schur durfte jedoch nur noch kleine Spezialvorlesungen halten. Im Herbst 1933 bekam er von einer Universität in den USA das Angebot einer Gastprofessur, das er ablehnte. Er fühlte sich zu sehr mit Deutschland verbunden und wollte sich den Anforderungen eines Neuanfangs mit einer fremden Sprache nicht aussetzen. Nach der Verschärfung der Gesetze wurde Schur im September 1935 offiziell als Professor entlassen und im Frühjahr 1938 auch gezwungen, aus der Akademie auszutreten. Sechs Jahre erduldete er insgesamt die erniedrigenden Maßnahmen der nationalsozialistischen Regierung.

Anfang 1939 gelang es dem gesundheitlich schwer angeschlagenen Schur, zusammen mit seiner Frau Deutschland zu verlassen, nachdem ein Freund die Reichsfluchtsteuer für sie bezahlt hatte. Sie gingen zunächst nach Bern, wo ihre Tochter seit 1932 mit einem Arzt verheiratet war, und wanderten von dort nach Palästina aus. 1941 starb Schur in Tel Aviv an einem Herzinfarkt. Sein Name lebt u. a. in der linearen Algebra durch das Schur-Komplement und die Schur-Zerlegung einer Matrix weiter.

ERHARD SCHMIDT

In seiner jahrzehntelangen Tätigkeit als Mathematikprofessor an der Berliner Universität musste Erhard Schmidt sich mit sehr unterschiedlichen politischen Systemen arrangieren. Geboren wurde er 1876 in Dorpat (heutiges Tartu, Estland) als Sohn eines Physiologie-Professors. Nach dem Besuch der Gymnasien von Dorpat und Riga studierte er an zahlreichen Universitäten. Er immatrikulierte sich zunächst an der Universität in Dorpat, an der Kneser damals unterrichtete, bevor er nach Berlin ging, wo er vor allem Vorlesungen bei Schwarz hörte. In Göttingen promovierte er 1905 über Integralgleichungen bei David Hilbert, mit dem er gemeinsam die Grundlagen der heutigen Funktionalanalysis entwickelte. Seine Habilitation erfolgte 1906 in Bonn. Anschließende Tätigkeiten als Hochschullehrer führten ihn nach Zürich, Erlangen und Breslau. 1909 heiratete er, seine Frau starb aber bereits 1916 bei der Geburt des dritten Sohnes.

Als Krönung seiner Laufbahn kann der Ruf Schmidts 1917 nach Berlin als Nachfolger von Schwarz gelten. 1918 wurde er Mitglied der Preußischen Akademie der Wissenschaften, 1956 auch der französischen. Da ihm die Mathematik sehr am Herzen lag, scheute er sich nicht, in seiner Antrittsrede als Rektor 1929 vor einem eher fachfremden großen Auditorium über mathematische Grundlagenforschung zu sprechen. Schmidt war ein erfolgreicher und mitreißender Lehrer, der schwierige Zusammenhänge verständlich darstellen konnte. Seine Vorlesungen eigneten sich vor allem für begabte Studenten, da er gerne auf Standardthemen verzichtete und lieber eigene aktuelle Forschungsergebnisse einfließen ließ. In seiner Berliner Zeit

^ *Erhard Schmidt interessierte sich neben der Mathematik stark für historische, philologische und literarische Themen.*

beschäftigte er sich zunächst mit der Topologie, später auch mit dem isoperimetrischen Problem im euklidischen Raum. Sein Name begegnet jedem mathematischen Anfänger beim Schmidtschen Orthogonalisierungsverfahren.

Nach dem Regierungsantritt Hitlers begannen die schwierigsten Jahre für Schmidt. Er musste sich u.a. mit der Umsetzung nationalsozialistischer Erlasse befassen, verhielt sich aber persönlich stets ehrenhaft gegenüber seinen jüdischen Kollegen und Studenten. Dies würdigte Hans Freudenthal, ein jüdischer Kollege, der die Nazi-Zeit überlebt hatte, 1951 in einer Rede anlässlich Schmidts 75. Geburtstag ausdrücklich. Schmidts Pflichtbewusstsein war stark ausgeprägt. Obwohl er 1943 ausgebombt wurde und seitdem im Spreewald wohnte, fuhr er regelmäßig nach Berlin, um seine Vorlesungen zu halten. Im Frühjahr 1945 siedelte er zu Verwandten nach Holstein über. Seine Rückkehr nach Berlin war erst im Herbst 1946 möglich, wobei er mit Hilfe eines früheren Assistenten die Zonengrenze auf Schleichwegen passierte. In der Steglitzer Sedanstraße, wo das mathematische Institut der Universität untergebracht war, fand auch er eine Bleibe. Er hatte seinen gesamten privaten Besitz verloren, aber hier stand ihm immerhin die Institutsbibliothek zur Verfügung, die rechtzeitig ausgelagert worden war. Bis zu seiner Emeritierung 1950 unterrichtete Schmidt an der Humboldt-Universität. Sogar bis 1958 war er Direktor des neu gegründeten Forschungsinstituts für Angewandte Mathematik der Deutschen Akademie der Wissenschaften in Berlin. Er starb 1959 in Berlin.

^ *Der Künstler Fritz Cremer schuf um 1950 im Auftrag der Akademie der Wissenschaften die Bronze-Büste von Erhard Schmidt.*

EDMUND LANDAU

Edmund Landau kam 1877 in Berlin als Sohn einer wohlhabenden, großbürgerlichen jüdischen Familie zur Welt. Sein Vater Leopold war Gynäkologe und betrieb gemeinsam mit seinem Bruder eine private Frauenklinik. Seine Mutter Johanna stammte aus der angesehenen Berliner Bankiersfamilie Jacoby; ihrem Vater Ernst Jacoby gehörte das Eckgebäude Pariser Platz 6a direkt neben dem Liebermann-Haus. Wie viele assimilierte Juden seiner Zeit war Edmunds Vater ein deutscher Patriot, der sich jedoch gleichermaßen für jüdische Interessen einsetzte; so war er an der Gründung der Hochschule für die Wissenschaft des Judentums 1872 in Berlin beteiligt.

Edmund war ein Wunderkind, dessen mathematische Begabung schon sehr früh auffiel. Er besuchte das Französische Gymnasium in Berlin, wo er sein Abitur bereits mit 16 Jahren ablegte. Danach studierte er Mathematik an der Friedrich-Wilhelms-Universität in Berlin, promovierte dort bei Frobenius im Alter von 22 Jahren und habilitierte sich zwei Jahre später. Anschließend lehrte er als Privatdozent an der Berliner Universität.

Landaus Spezialgebiet war die analytische Zahlentheorie, in der er schnell zu einem der führenden Experten avancierte. Bereits in seiner Berliner Zeit verfasste er fast 70 Abhandlungen sowie das zweibändige »Handbuch der Lehre von der Verteilung der Primzahlen«. Desgleichen stellte sich sein Talent als Lehrer schon früh heraus. 1909 nahm Landau einen Ruf nach Göttingen an, wo er Nachfolger des früh verstorbenen Hermann Minkowski wurde und David Hilbert und Felix Klein höchstrangige Fachkollegen waren.

^ *Edmund Landau verließ seinen Geburts- und Studienort Berlin, um in Göttingen eine beeindruckende Karriere zu machen.*

Im Jahr 1905 heiratete Landau in Frankfurt am Main Marianne Ehrlich. Aus der Ehe gingen zwei Töchter und zwei Söhne hervor, von denen der Erstgeborene bereits als Kind verstarb. Mariannes Vater Paul Ehrlich war ein Kollege und Freund von Edmunds Vater. Er gilt als Begründer der modernen Chemotherapie und erhielt 1908 den Nobelpreis für Medizin. Kurz nach seiner Ankunft in Göttingen ließ Landau, der aufgrund seiner Herkunft ein finanziell sorgenfreies Leben führten konnte, eine luxuriöse Villa für seine Familie erbauen. Auf Fragen nach einer Wegbeschreibung zu seinem Anwesen soll er gerne geantwortet haben: »Es ist leicht zu finden, es ist das schönste Haus in der Stadt.« Das Herzstück der Villa war sein großes Arbeitszimmer mit einer umfangreichen Bibliothek. Er lud oft Assistenten zu sich nach Hause ein, deren Besuch er gerne mit mathematischen Wettbewerben verknüpfte.

Landau verfügte über eine sehr große Arbeitskraft und Konzentrationsfähigkeit. Davon zeugen seine zahlreichen Bücher, wie die im Jahr 1927 veröffentlichten dreibändigen »Vorlesungen über Zahlentheorie«, sowie seine 250 Abhandlungen, die die gesamte Breite der analytischen Zahlentheorie abdecken. Seine spezielle, knappe und präzise Darstellungsweise ist als »Landau-Stil« bekannt. Genauso perfekt wie die schriftlichen Werke waren seine Vorlesungen, da er auch als Lehrer höchste Ansprüche an sich selbst und seine Studenten stellte. David Hilbert äußerte nach Landaus Tod: »Er war der pflichttreueste von uns allen.« Einige Kollegen verärgerte er allerdings mit seiner arroganten Art, da er deren Ergebnisse gerne öffentlich kritisierte oder ihre Beweise vereinfachte.

In den 1920er Jahren engagierte sich Landau für die Gründung und Ausstattung der Hebräischen Universität in Jerusalem. Vor allem befasste er sich mit dem Aufbau des Einstein-Instituts für Mathematik, an dem er im Wintersemester 1927/28 sogar Vorlesungen hielt. Seit 1987 erinnert das von der deutschen Minerva-Stiftung am mathematischen Institut in Jerusalem eingerichtete Landau-Center namentlich an seinen Einsatz.

Landau blieb in Göttingen bis 1934, als ihn die politischen Verhältnisse resignieren ließen und er sich nach Berlin zurückzog. Die Atmosphäre in Göttingen war nach dem Machtantritt Hitlers ungewöhnlich schnell antisemitisch bestimmt. Zwischen April und November 1933 wurde das dortige mathematische Institut regelrecht vernichtet, obwohl für alle jüdischen Professo-

ren eigentlich die Ausnahmeregelung des Gesetzes für die Wiederherstellung des Beamtentums galt.

Seine Vorlesung im Sommersemester 1933 durfte Landau nicht mehr selbst halten. Er bereitete sie gemeinsam mit seinem Assistenten Hermann Weber, einem glühenden Nazi-Anhänger, vor und setzte sich dann in sein Büro, während Weber die Vorlesung hielt. Da er von der Universitätsverwaltung keine weiteren Anweisungen erhielt, entschied er sich, die Vorlesung im Wintersemester wie angekündigt selbst zu halten. Er wurde jedoch durch einen Studentenboykott mit Wachposten am Eingang zum Vorlesungssaal daran gehindert und zog sich in sein Büro zurück. Der Anführer dieses Boykotts, der nationalsozialistische Student Oswald Teichmüller, der später übrigens ein hervorragender Mathematiker wurde, erklärte ihm, dass es deutschen arischen Studenten nicht zuzumuten sei, von jüdischen Lehrern unterrichtet zu werden. Landau bat daraufhin um eine schriftliche Begründung des Vorfalls und reichte sein Rücktrittsgesuch an das Ministerium zusammen mit Teichmüllers Brief ein.

^ *Das Vorgängergebäude Pariser Platz 6a gehörte Edmund Landaus Großeltern mütterlicherseits.*

Nachdem er das Wintersemester 1933/34 als Gastprofessor in Groningen, Holland verbracht hatte, wurde er im Februar 1934 offiziell beurlaubt. Er veräußerte sein Anwesen in Göttingen und zog nach Berlin zurück. Zunächst wohnte er bei seiner Mutter im Haus Pariser Platz 6a, bis er für seine Familie eine Unterkunft in der Tannenbergallee 22a in Charlottenburg fand. Landau, der sich weiterhin privat seinen Forschungen widmete, reiste auch mehrfach zu Vorträgen nach Holland und England. Im Februar 1938 starb er in Berlin an Herzversagen und wurde auf dem jüdischen Friedhof in Weißensee bestattet.

Nach dem Tode ihres Mannes wanderte Marianne Landau im Frühjahr 1939 in die USA aus, wo sie 1963 verstarb. Das beschlagnahmte Haus Pariser Platz 6a wurde im Zweiten Weltkrieg stark zerstört, die Ruinen wurden nach Kriegsende abgetragen, nach dem Bau der Berliner Mauer im August 1961 lag das Grundstück im Todesstreifen. Inzwischen befindet sich an dieser Stelle wieder ein Gebäude, das zum Teil dem Mathematikprofessor Heinrich Wefelscheid gehört, der im Namen der Familie Landau die langwierigen Restitutionsverhandlungen durchgeführt hat. Es wäre schön, wenn dieses Gebäude zukünftig unter dem Namen »Landau-Haus« bekannt würde.

^ *Edmund Landau wurde 1938 auf dem jüdischen Friedhof in Weißensee in einer einfachen Grabanlage bestattet.*

GEORG KARL WILHELM HAMEL

Georg Hamel stammte aus Düren, wo er 1877 geboren wurde. Er studierte Mathematik, Physik und Mechanik zunächst in Aachen und ab 1897 an der Berliner Universität, wo er Vorlesungen bei Schwarz, Fuchs, Frobenius und Planck hörte. Nachdem er in Göttingen promoviert hatte, habilitierte er sich in Karlsruhe in Mathematik und Mechanik. Seine anschließende Dozententätigkeit führte ihn 1905 an die TH Brünn und 1912 an die TH Aachen. 1919 wurde er an die TH Berlin als Professor für Mathematik und Mechanik berufen.

Hamels Forschungsgebiete waren Funktionentheorie, Variationsrechnung, Zahlentheorie und Geometrie. Seit seiner Berliner Studienzeit hatte er sich außerdem intensiv mit philosophischen Themen auseinandergesetzt, vor allem mit den Abhandlungen Kants. Auch heute noch Klassiker sind seine logisch fundierten Werke über Grundlagen der mathematischen Mechanik.

Hamel gehörte 1933 zu den Professoren, die sich den nationalsozialistischen Ideen anschlossen. Als er 1939 als letzter Mathematiker in die Preußische Akademie gewählt wurde, kamen nur noch politisch erwünschte Mitglieder in Betracht. Gegen Kriegsende verließ Hamel Berlin und kehrte 1948/49 lediglich zeitweise zurück, um an der Humboldt-Universität zu unterrichten. An der TU Berlin hielt er keine Vorlesungen mehr und wurde 1949 emeritiert. Er starb 1954 in Landshut.

^ *Georg Hamel war ein bedeutender Mathematikprofessor an der Technischen Hochschule in Berlin.*

RICHARD EDLER VON MISES

Richard von Mises wurde 1883 in Lemberg (damals Österreich-Ungarn, heute Lwiw, Ukraine) als zweiter Sohn einer jüdischstämmigen Familie geboren. Sein Vater arbeitete als promovierter Ingenieur für die österreichische Staatsbahn. Der ältere Bruder Ludwig wurde später ein bekannter Wirtschaftswissenschaftler. Wenige Jahre nach Richards Geburt siedelte die Familie nach Wien über.

Richard besuchte das Wiener Akademische Gymnasium, wo er im Herbst 1901 die Matura mit Auszeichnung ablegte. Danach studierte er an der Technischen Hochschule Wien Mathematik und Maschinenbau und wurde dort 1908 in Technikwissenschaft promoviert. Zu dem Zeitpunkt war er bereits seit 18 Monaten als Assistent bei Georg Hamel an der Deutschen TH in Brünn tätig. Mises habilitierte sich 1908 in Brünn und wurde nur ein Jahr später als (außerordentlicher) Professor für Angewandte Mathematik an die Deutsche Universität in Straßburg berufen. Dort hielt er ab 1913 Vorlesungen über Aerodynamik und erwarb den Pilotenschein.

Als der Erste Weltkrieg ausbrach, meldete sich Mises sofort als Freiwilliger in der österreichisch-ungarischen Armee. Aufgrund seiner Kenntnisse über Flugzeugbau und seiner Pilotenausbildung war er als Testpilot und Ausbilder tätig. Außerdem leitete er die Entwicklung eines neuen Flugzeugtyps, der 1916 fertig gestellt wurde, aber nicht zum Einsatz kam. Nach Kriegsende wurde er auf einen neu gegründeten Lehrstuhl für Hydrodynamik und Aerodynamik an der Technischen Hochschule in Dresden berufen.

^ *R. von Mises wurde 1920 der erste Direktor des neu geschaffenen Instituts für Angewandte Mathematik an der Berliner Universität.*

Schon kurze Zeit später wechselte er an die Universität Berlin, wo er 1920 ordentlicher Professor und gleichzeitig Direktor des neu geschaffenen Instituts für Angewandte Mathematik wurde. Er entwickelte einen speziellen Lehrplan für angewandte Mathematik, der sich über sechs Semester erstreckte und Anwendungen in der Astronomie, der Geodäsie und der Technik einbezog. Dank seines Organisationstalents und seiner technologischen Kompetenz errang das Institut schnell einen hervorragenden Ruf. 1921 gründete er die »Zeitschrift für Angewandte Mathematik und Mechanik«, die noch heute von Bedeutung ist, und wurde ihr Herausgeber. Seine Assistentin am Institut für Angewandte Mathematik wurde die Wienerin Hilda Geiringer, die er bei den Auseinandersetzungen um ihre Habilitation an der Berliner Universität unterstützte.

Mises war 1933 der erste der Mathematikprofessoren aus Berlin, der sich für die Emigration entschied. An der Universität Istanbul übernahm er einen Lehrstuhl für Reine und Angewandte Mathematik. Als nach dem Tod des Staatspräsidenten Kemal Atatürk 1938 die Situation deutscher Emigranten in der Türkei unsicher wurde, übersiedelte er 1939 in die USA. An der Harvard Universität in Cambridge, Massachusetts erhielt er zunächst eine Dozentenstelle und ab 1945 eine Professur für Angewandte Mathematik und Aerodynamik. 1943 heiratete er seine frühere Mitarbeiterin Hilda Geiringer, die ihm zunächst in die Türkei und dann in die USA gefolgt war. Als er 1950 von der Deutschen

^ *In Straßburg beschäftigte sich Richard von Mises theoretisch und praktisch mit Aerodynamik.*

Akademie der Wissenschaften in der DDR zum korrespondierenden Mitglied gewählt wurde, lehnte er die Ernennung aus politischen Gründen ab. Mises verfasste in Harvard noch zahlreiche Publikationen vor allem zur Angewandten Mathematik und starb nach langer Krankheit 1953 in den Vereinigten Staaten.

Mises' mathematische Hauptarbeitsgebiete waren numerische Mathematik, Strömungsmechanik, Aerodynamik, Statistik und Wahrscheinlichkeitstheorie, wobei seine Berliner Jahre von 1919 bis 1933 sicherlich die fruchtbarsten seiner wissenschaftlichen Karriere waren. Seit Studienzeiten befasste er sich auch mit wissenschaftsphilosophischen Fragen. Während seines Aufenthaltes in der Türkei entstand aus seinen Überlegungen zur Erkenntnistheorie ein kleines Lehrbuch über Positivismus. Bemerkenswert sind auch Mises' literarische Interessen, die sich vor allem auf Rainer Maria Rilke, aber auch auf Robert Musil erstreckten. Mises stellte eine umfangreiche Rilke-Sammlung zusammen (die seit seinem Tod in der Harvard-Universität aufbewahrt wird), gab mehrere Bücher über Rilke heraus und verfasste Artikel über ihn. Musil war Ende der 1920er Jahre häufig zu Gast in Mises' Berliner Haus und genoss dort die anregenden Gespräche in angenehmer österreichischer Atmosphäre. Mises wohnte in Tiergarten im Haus Siegmunds Hof 9. Auf dem kurzen Straßenstück zwischen dem S-Bahnhof Tiergarten und der Spree erinnert heute nichts mehr an den Glanz vergangener Zeiten.

LUDWIG BIEBERBACH

Ludwig Bieberbach wurde 1886 in Goddelau bei Darmstadt geboren und wuchs als Sohn des Direktors der psychiatrischen Klinik Heppenheim in einer gut situierten Familie auf. Schon während seines Militärdienstes in Heidelberg nahm er an mathematischen Seminaren der dortigen Universität teil, da er stark an Mathematik interessiert war. Ab 1907 studierte er in Göttingen, promovierte dort 1910 und habilitierte sich im gleichen Jahr über ein von Hilbert angeregtes Problem. Anschließend wirkte er als Mathematikdozent in Zürich, Königsberg, Basel und Frankfurt, bevor er 1921 die Nachfolge von Carathéodory in Berlin antrat. Er heiratete 1919 in seiner Baseler Zeit; aus der Ehe gingen vier Söhne hervor.

Seine mathematischen Interessensgebiete waren sehr vielseitig, wobei die Funktionentheorie sein Hauptgebiet war. 1924 wurde er als eines der jüngsten Mitglieder in die Berliner Akademie der Wissenschaften aufgenommen.

Bieberbach schlug sich nach der Machtübernahme Hitlers auf die Seite der Nationalsozialisten, war maßgeblich an der Diskriminierung jüdischer Kollegen beteiligt und trat mit zahlreichen rassistischen Artikeln hervor. Nach Ende des Zweiten Weltkrieges 1945 verlor er deswegen sämtliche Stellen. Am mathematischen Institut der Freien Universität fand er jedoch eine Möglichkeit der wissenschaftlichen Betätigung; er arbeitete als Assistent und veranstaltete z.B. Seminare. Bieberbach starb 1982 in Oberaudorf in Oberbayern.

ROBERT ERICH REMAK

Robert Remak wurde 1888 in Berlin als Sohn einer bedeutenden jüdischen Ärztefamilie geboren. Er studierte an der Berliner Universität und promovierte dort 1911 bei Frobenius über Gruppentheorie. Habilitieren konnte er sich jedoch erst 1929 im dritten Anlauf, da seine 1919 und 1923 vorgelegten Schriften jeweils aus fachlichen und persönlichen Gründen zurückgewiesen wurden.

In seiner Familie war es schon fast eine Tradition, beharrlich behördliche Hürden zu überwinden. Sein Großvater war der erste nicht konvertierte Jude gewesen, der 1847 nach jahrelangen juristischen Vorbehalten mit Unterstützung Alexander von Humboldts seine Habilitation an der medizinischen Fakultät in Berlin erreicht hatte.

Nach seiner Habilitation durfte Remak zwar an der Universität lehren, es gab jedoch keine Anstellung für ihn, was durchaus auch seinem eigensinnigen Charakter geschuldet war. Er beschäftigte sich vor allem mit Algebra und der Geometrie der Zahlen, aber auch mit Wirtschaftstheorie. Aufgrund seiner jüdischen Herkunft wurde ihm 1933 die Lehrbefugnis entzogen. Er blieb in Berlin und setzte seine mathematische Forschung in privatem Kreis fort. Nach der Pogromnacht 1938 wurde er festgenommen und war mehrere Wochen im KZ Sachsenhausen inhaftiert, bis seine nicht-jüdische Ehefrau ihm eine Ausreiseerlaubnis in die Niederlande verschaffte. Sie begleitete ihn jedoch nicht und ließ sich später von ihm scheiden. Remak wurde 1942 in Amsterdam festgenommen, nach Auschwitz deportiert und dort ermordet.

^ *Der Stolperstein für Robert Remak wurde 2008 gesetzt. Pate ist der Berliner Mathematikprofessor Günter M. Ziegler.*

HILDA GEIRINGER

Hilda Geiringer wurde 1893 in Wien als einzige Tochter einer jüdischen Kaufmannsfamilie geboren, zu der noch drei Söhne gehörten. Da sich bereits auf dem Gymnasium Hildas außergewöhnliches mathematisches Talent zeigte, unterstützten ihre Eltern sie in ihrem Wunsch, anschließend Mathematik zu studieren. Im Herbst 1913 begann sie an der Wiener Universität ihr Studium der Mathematik und Physik, das sie nach vier Jahren mit ihrer Dissertation »Über trigonometrische Doppelreihen« abschloss. Im Winter 1918 ging sie für ein Jahr nach Berlin, um als wissenschaftliche Assistentin am »Jahrbuch über die Fortschritte der Mathematik« redaktionell mitzuarbeiten. Danach kehrte sie nach Wien zurück und unterrichtete Mathematik und Physik an einer Spezialschule für Flüchtlingskinder. Außerdem gab sie Stunden an der Volkshochschule.

Im Jahr 1921 wechselte Geiringer an die Friedrich-Wilhelms-Universität in Berlin, wo sie Mises' erste Assistentin am Institut für Angewandte Mathematik wurde. Kurz nach ihrer Ankunft heiratete sie den auch aus einer jüdischen Wiener Familie stammenden Felix Pollaczek, der in Berlin Mathematik studiert hatte. Felix arbeitete nach seiner Promotion für die Reichspost in Berlin. Hilda und Felix bekamen 1922 ein Kind, Magda, aber kurz nach der Geburt zerbrach die Ehe. Trotz großer Schwierigkeiten als alleinerziehende Mutter arbeitete Geiringer weiter an ihrer wissenschaftlichen Karriere.

Obwohl sie reine Mathematik studiert hatte, musste sie sich in Berlin mit angewandter Mathematik, wie Mechanik, Statistik und Wahrscheinlichkeitstheorie beschäftigen. Sie führte Semi-

^ *Hilda Geiringer war die erste Privatdozentin für Angewandte Mathematik an der Berliner Universität.*

narveranstaltungen durch und betreute die Studenten in den Praktika. Außerdem schrieb sie das Buch »Die Gedankenwelt der Mathematik«. Nach Auseinandersetzungen unter den Professoren der Philosophischen Fakultät, zu der die Mathematik an der Berliner Universität damals gehörte, erhielt sie ihre Habilitation 1927, als erste Frau in Berlin und als zweite in Deutschland (nach Emmy Noether in Göttingen) im Fach Mathematik. Sie war die erste Privatdozentin für Angewandte Mathematik. Da sie wissenschaftlich erfolgreich und als Lehrerin beliebt war, schlug die Fakultät sie Anfang 1933 für eine außerordentliche Professur vor. Wenige Wochen nach Hitlers Machtübernahme verlor sie jedoch wegen ihrer jüdischen Abstammung ihre Stelle an der Berliner Universität. Sie verließ Deutschland zusammen mit ihrem Kind, emigrierte zunächst nach Belgien, und von dort folgte sie Richard von Mises in die Türkei. 1934 erhielt sie in Istanbul eine Professur am Institut für Reine und Angewandte

^ *Nach ihrer Emigration aus dem nationalsozialistischen Deutschland lehrte Hilda Geiringer in der Türkei und in den USA.*

Mathematik. Geiringer lernte türkisch, um ihre Vorlesungen halten zu können, und betrieb nebenbei mathematische Forschung, vor allem über Wahrscheinlichkeitstheorie. Sie war Teil einer großen deutschen Gemeinde, die in der Türkei Zuflucht vor Hitler suchte. Doch nach dem Tod Kemal Atatürks 1938 bangten viele der Flüchtlinge um ihre Sicherheit. Als von Mises daher 1939 die Türkei verließ und in die Vereinigten Staaten emigrierte, beantragte auch Geiringer ein Einreisevisum für die USA für sich und ihre Tochter. Sie erhielt eine Dozentenstelle an einem College in Pennsylvania, musste wieder eine neue Sprache lernen und sich an die amerikanischen Lehrmethoden gewöhnen.

Zusätzlich hielt sie im Sommer 1942 einen Fortgeschrittenen-Kurs über Mechanik an der Brown Universität in Providence, Rhode Island, der angeboten wurde, um das damals niedrige amerikanische Ausbildungsniveau anzuheben. Dabei verfasste sie hervorragende Vorlesungsskripte über die geometrischen Grundlagen der Mechanik, die jahrelang als Studienunterlagen dienten.

Im Jahr 1943 heirateten Geiringer und von Mises. Geiringer wurde 1945 Staatsbürgerin der USA und erhielt anschließend eine volle Stelle auf Lebenszeit am Wheaton Frauen College in Massachusetts, wo sie bis zu ihrer Emeritierung 1959 unterrichtete. Sie wohnte nun näher bei ihrem Mann, der eine Stelle an der Harvard Universität in Cambridge hatte, und konnte ihn jedes Wochenende besuchen. An dem College durfte sie jedoch nur Vorlesungen halten und hatte keine Möglichkeit zur Forschung. Trotz zahlreicher Bewerbungen bei anderen Universität in Neu England erhielt sie keine stärker forschungsorientierte Stelle. In Deutschland war sie diskriminiert worden wegen ihres jüdischen Hintergrunds, in den USA wurde sie benachteiligt, weil sie eine Frau war. Nachdem von Mises 1953 gestorben war, arbeitete Geiringer nebenbei an der Harvard Universität, um seine Arbeiten zu vervollständigen und zu veröffentlichen. Geiringer starb 1973 in Kalifornien an einer Lungenentzündung.

WOLFGANG HAACK

Der 1902 in Gotha geborene Wolfgang Haack studierte zunächst Maschinenbau in Hannover und dann Mathematik in Jena, wo er 1926 promovierte. Nach einem kurzen Forschungsaufenthalt in Hamburg und einer Assistentenzeit an der TH Stuttgart habilitierte er sich 1929 an der TH Danzig. 1935 ging er an die TH Berlin, folgte jedoch bereits 1937 einem Ruf an die TH Karlsruhe. Während des Zweiten Weltkrieges war Haack in der militärischen Forschung für das Projektildesign zuständig. Es gelang ihm, eine neue Projektilform mit besonders großen Reichweiten zu entwickeln. Diese Erfindung konnte jedoch vor Kriegsende nicht mehr umgesetzt werden. Da Haack in der Rüstungsindustrie unentbehrlich war, konnte er 1944 einen Ruf an die TH Berlin nicht annehmen. Erst 1949 wurde er als Hamels Nachfolger an der TU Berlin zum Professor für Mathematik und Mechanik ernannt.

Für Haack waren stets die Anwendungen der Mathematik von besonderer Bedeutung. Sein Forschungsgebiet reichte von der Mechanik über partielle Differentialgleichungen bis zur Numerischen Mathematik. Er erkannte frühzeitig die Bedeutung von elektronischen Rechnern für die wissenschaftliche Zukunft und nahm daher Kontakt zu dem Computerpionier Konrad Zuse auf. Da er von offizieller Seite keinen Geldgeber fand, warb er Spenden mehrerer Unternehmen ein, so dass 1958 der erste Computer an der TU Berlin in Betrieb genommen werden konnte. Als Anerkennung seiner Leistungen wurde für ihn 1964 an der TU Berlin der neue Lehrstuhl für Numerische Mathematik eingerichtet, den er bis zu seiner Emeritierung innehatte. Haack starb 1994 in Berlin.

JOHANN VON NEUMANN

Johann von Neumann wurde 1903 in Budapest als Sohn einer wohlhabenden jüdischen Bankiersfamilie geboren. Sein Vorname war ursprünglich János, während seiner Zeit in Deutschland nannte er sich Johann; weltweit ist er vor allem unter seinem in den USA gewählten Namen John bekannt. Er legte stets großen Wert auf seinen Adelstitel, den sein Vater 1913 gekauft hatte.

Johanns Mutter kümmerte sich gemeinsam mit deutschen und französischen Gouvernanten intensiv um die Erziehung ihrer drei Söhne und deren geistig-kulturelle Förderung. Schon sehr früh zeigte sich Johanns außergewöhnliches Gedächtnis. So konnte er bereits mit sechs Jahren innerhalb kürzester Zeit Telefonbuchseiten auswendig lernen oder mit atemberaubender Geschwindigkeit Rechenaufgaben im Kopf lösen. Später glänzte er auch durch detailliertes historisches Wissen und kannte Goethes Faust auswendig.

Ab 1913 besuchte Johann das evangelische deutschsprachige Luther-Gymnasium in Budapest, weil seiner liberalen Familie eine anerkannt gute schulische Ausbildung viel bedeutete. Da sein Mathematiklehrer schnell sein mathematisches Talent erkannte, wurde er durch zusätzlichen Unterricht an der Budapester Universität gefördert und verfasste bereits mit 18 Jahren seinen ersten mathematischen Artikel.

Auf Wunsch der Familie studierte er aber nach seinem Abitur 1921 nicht »brotlose« Mathematik, sondern Chemie, zunächst in Berlin und dann in Zürich. Ende 1926 erhielt er das Diplom als Chemieingenieur. Seine Leidenschaft galt jedoch stets der Mathematik, die er nebenbei als »Hobby« betrieb. Während sei-

^ Johann v. Neumann befasste sich nicht nur mit Mathemtik, sondern war einer der bedeutendsten Universalisten des 20. Jahrhunderts.

ner Auslandsstudien hielt er stets engen Kontakt zur Budapester Universität, wo er im März 1926 in Mathematik promovierte. »Wunderdoktor« nannten ihn seine Freunde anschließend wegen seiner an Hexerei grenzenden blitzschnellen Auffassungsgabe und seines universellen Wissens. Das Wintersemester 1926/27 verbrachte Neumann als Rockefeller Stipendiat bei David Hilbert in Göttingen. Er habilitierte sich Ende 1927 in Berlin bei Erhard Schmidt zum Thema »Der axiomatische Aufbau der Mengenlehre« und unterrichtete anschließend als (jüngster) Privatdozent an der Berliner Universität. Das Wirken dieses Jahrhundertgenies in Berlin wurde jedoch immer wieder durch Beurlaubungen unterbrochen und währte auch insgesamt nicht lange. 1929 ging er für ein Semester nach Hamburg und ab 1930 unterrichtete er ebenfalls als Gastdozent an der Universität Princeton. Im Jahr 1933 wurde er der jüngste Professor und Kollege von Albert Einstein an der privaten Forschungseinrichtung »Institute for Advanced Study« in Princeton. Nach der Regierungsübernahme der Nationalsozialisten kehrte er nicht mehr nach Deutschland zurück.

Vor seinem ersten Besuch in den USA 1930 heiratete Neumann in Budapest Marietta Kovesi. Das Paar bekam 1936 eine Tochter, aber die Ehe wurde 1937 geschieden. Im folgenden Jahr heiratete Neumann die auch aus Budapest stammende Klara Dan. In seinem Haus in Princeton fanden wöchentlich legendäre Partys statt. Neumann war ein lebenslustiger und geselliger Mensch, der schnelle Autos und schlüpfrige Witze liebte. Es war bekannt, dass Neumann ebenso in den 1920er Jahren das wilde Nachtleben in Berlin genossen hatte.

Neumann wurde in den USA vor allem für die Vielfalt seiner wissenschaftlichen Forschungsergebnisse berühmt. So bezog er Zeitüberlegungen in die Logik ein, entwickelte die Spieltheorie weiter, mit der er sich 1928 in Berlin zum ersten Mal beschäftigt hatte und die heute bei wirtschaftlichen Entscheidungsprozes-

^ *Sowohl in Ungarn als auch in den USA wurde Johann von Neumann mit Sonderbriefmarken geehrt.*

sen eingesetzt wird, und er schuf die mathematischen Grundlagen der Quantenmechanik. Er erhielt zahlreiche Preise und Ehrungen. Während des Zweiten Weltkrieges arbeitete Neumann ab 1944 zusammen mit Robert Oppenheimer am »Manhatten Projekt« zum Bau einer Atombombe. Aus dieser Zeit stammen auch seine Pionierleistungen in der Computer-Entwicklung. Er entwickelte eine universelle Computer-Struktur, die als »von-Neumann-Architektur« bekannt ist und nach der Computer bis heute aufgebaut sind. Als mathematisch-technisches Genie war Neumann außerdem als Industrie- und Regierungsberater gefragt und politisch einflussreich. Stanley Kubrick setzte ihm mit dem Film »Dr. Strangelove« (»Dr. Seltsam oder wie ich lernte die Bombe zu lieben«) ein künstlerisches Denkmal.

Neumann starb 1957 in Washington, DC, an einem vermutlich durch Verstrahlung verursachten Krebsleiden, nachdem er die letzten Lebensjahre im Rollstuhl zubringen musste. Noch bis kurz vor seinem Tod schrieb er an seinem Buch »Der Computer und das Gehirn«, das von seiner Frau vollendet wurde.

»WENN LEUTE NICHT GLAUBEN, DASS MATHEMATIK EINFACH IST, DANN NUR DESHALB, WEIL SIE NICHT BEGREIFEN, WIE KOMPLIZIERT DAS LEBEN IST.«

^ *Auf der Gedenktafel des mathematischen Instituts in Adlershof wird Johann von Neumann als Computerpionier gewürdigt.*

ALEXANDER DINGHAS

Alexander Dinghas wurde 1908 in Smyrna (heute Izmir, Türkei) als Sohn eines griechischen Grundschullehrers geboren. Als er 14 Jahre alt war, zog er mit seinen Eltern nach Athen, wo er seine Schulausbildung beendete. Ab 1925 studierte er an der Technischen Universität in Athen und legte dort 1930 sein Examen als Elektroingenieur ab. Ein Jahr später heiratete er und ging nach Berlin, um an der Universität Physik, Mathematik und Philosophie zu studieren. Er war von allen damaligen Professoren der Physik und Mathematik begeistert, aber am nachhaltigsten beeinflusste ihn Erhard Schmidt mit seinen Vorlesungen über die »Nevanlinna Theorie«. Dinghas beschloss daher, sich auf die Mathematik zu konzentrieren. 1936 promovierte er bei Schmidt und habilitierte sich zwei Jahre später. Als Nicht-Deutscher konnte er zwar in der NS-Zeit keine Karriere machen, durfte aber Vorlesungen halten. Dinghas beschäftigte sich mit Differentialgleichungen, Maßtheorie und Differentialgeometrie, sein Spezialgebiet war die Funktionentheorie.

Nach dem Zweiten Weltkrieg unterrichtete er zunächst als Professor an der wiedereröffneten Berliner Universität. Anfang 1949 wurde er der erste Mathematikprofessor an der neu gegründeten Freien Universität und hatte diese Professorenstelle bis zu seinem Tod inne. Dinghas wird als ein sehr großzügiger und freundlicher Mensch beschrieben, der sich stets für seine Studenten einsetzte. Er starb 1974 in Berlin.

ERNST MOHR

Ernst Mohr wurde 1910 in Ebersbach an der Fils (Württemberg) als Sohn eines Seilermeisters geboren. Nach seiner Reifeprüfung 1928 in Göppingen studierte er Mathematik und Physik an den Universitäten Tübingen, München und Göttingen, wo er 1933 bei Hermann Weyl promovierte. Dabei war er auf die geringen Einnahmen aus einer Hilfsassistentenstelle sowie die Unterstützung seiner späteren Frau Johanna Wagener angewiesen.

Zu den Geldproblemen kamen politische Verwicklungen, als Mohr versuchte die Berufung von Helmut Hasse nach Göttingen zu vereiteln, um seine eigene Laufbahn zu sichern. Seine Karriere in Göttingen war zwar mit dieser Aktion beendet, er hatte jedoch das große Glück, Ende 1934 eine Stelle als wissenschaftlicher Mitarbeiter an der TH Breslau zu erhalten. Hier begann er auch, sich mit angewandter Mathematik, speziell Aero- und Hydrodynamik, zu befassen, und habilitierte sich im Jahr 1938. Nachdem Mohr die Zustimmung der Parteidienststellen der NSDAP erhalten hatte, wurde er 1939 zum Dozenten für Mechanik und Angewandte Mathematik an der TH und der Universität Breslau ernannt und damit Beamter auf Widerruf. Er erreichte diese Position, ohne Parteimitglied zu sein, da er zumindest Mitglied der Nationalsozialistischen Volkswohlfahrt und des Reichsluftschutzbundes war und sich ansonsten politisch sehr zurückhielt. Im selben Jahr heiratete er auch seine langjährige Verlobte Johanna Wagener.

Im Jahr 1942 wurde Mohr mit einer Vertretung an der deutschen Karls-Universität in Prag beauftragt, arbeitete aber gleichzeitig noch mit seinen Breslauer Kollegen im Bereich der kriegswichtigen Luftfahrttechnik zusammen. Als er 1943 zum außerordentlichen Professor in Prag und damit zum Beamten auf Lebenszeit berufen wurde, schien die Zukunft seiner Familie (er hatte inzwischen zwei Töchter) gesichert.

Im Mai 1944 wurde Mohr jedoch in einem Prager Hotel von der Gestapo verhaftet, weil er von einer Freundin seiner Frau denunziert worden war. Nach außen hatte er zwar seine antinationalsozialistischen Gedanken stets gut verbergen können, aber im privaten Kreis nie einen Hehl aus seinen Überzeugungen gemacht. Er wurde beschuldigt, Feindsender abgehört, den »Führer« parodiert, die Kriegslage als hoffnungslos und die Vernichtung der Juden als großen Fehler dargestellt zu haben. Nachdem er einige Monate in Untersuchungshaft verbracht hatte, wurde er kurz vor der Hauptverhandlung im Oktober 1944 vor dem Volksgerichtshof in Berlin in das Strafgefängnis Plötzensee verlegt. Vor Gericht wurde er wegen »Wehrkraftzersetzung« und »Feindbegünstigung« zum Tode verurteilt. Mohrs Schicksal war unterdessen von seinen Kollegen nicht unbeachtet geblieben. Sie setzten sich für ihn ein, indem sie bei offiziellen Stellen seine Bedeutung für kriegswichtige Flugzeugkonstruktionen hervorhoben. Nachdem ein entsprechender Antrag aus dem Reichsluftfahrtministerium beim Reichsjustizminister eingegangen war, dass Mohrs Forschungstätigkeit unentbehrlich sei, wurde seine Todesstrafe um ein halbes Jahr ausgesetzt.

Mohr wurde zunächst in das Zuchthaus Brandenburg verlegt, wo er mathematische Berechnungen für die Entwicklung des V(ergeltungs)-Waffen-Programms durchzuführen hatte. Im Dezember wurde er aber wieder nach Plötzensee zurückgebracht. Genau an dem Tag, an dem die halbjährige Aufschubfrist für Mohrs Hinrichtung ablief, wurde das Gefängnis Plötzensee von der Roten Armee befreit. Die Mathematik rettete ihm also das Leben.

Im Januar 1946 erhielt Mohr einen Lehrstuhl für Reine und Angewandte Mathematik an der TU Berlin. Es dauerte einige Jahre, bis er als Regimeopfer anerkannt und das Todesurteil offiziell aufgehoben wurde. 1978 wurde Mohr emeritiert, er starb 1989 in Zehlendorf.

WOLFGANG DÖBLIN

Wolfgang Döblin kam 1915 in Berlin als zweitältester der vier Söhne des jüdischen Arztes und Schriftstellers Alfred Döblin und dessen Ehefrau Erna zur Welt. Sein Vater wurde vor allem durch den 1929 veröffentlichten Roman »Berlin Alexanderplatz« berühmt, in den seine persönlichen Erfahrungen als Arzt mit dem Elend des Großstadt-Proletariats einflossen. Die Familie lebte zunächst an der Frankfurter Allee und ab 1931 in einem großbürgerlichen Ambiente am Kaiserdamm in Berlin. Während Wolfgangs Beziehung zu seiner Mutter innig und liebevoll war, verhielt er sich gegenüber seinem Vater sehr distanziert.

Wolfgang soll verschlossen und eigenwillig gewesen sein. Er war überzeugter Atheist, politisch extrem links orientiert und verhielt sich gleichgültig gegenüber dem Judentum. Wolfgangs Hauptinteresse in seiner Schulzeit auf dem Königstädtischen Realgymnasium, das er bis zum Abitur besuchte, galt weniger der Literatur als der Mathematik und Volkswirtschaft. Bereits mit zwölf Jahren soll er sich entschlossen haben, später Mathematik zu studieren, wahrscheinlich aus Opposition zu seinem Vater, der eine Abneigung gegenüber diesem Gebiet empfand. Wie außergewöhnlich Wolfgangs mathematisches Talent war, wurde seiner Familie erst lange nach seinem Tod bewusst.

Da Alfred nach dem Reichstagsbrand am Abend des 27. Februar 1933 als Kritiker des Nationalsozialismus und aufgrund seiner jüdischen Herkunft um sein Leben fürchten musste, verließ er Berlin am folgenden Tag. Seine Frau folgte ihm wenige Tage später mit den Söhnen Peter, Klaus und Stefan nach Zürich. Wolfgang legte zunächst sein Abitur in Berlin ab, bevor er sich

^ *Als dieses Foto entstand, war Wolfgang Döblin 13 Jahre alt und wohnte noch in Berlin.*

im April ebenfalls auf den Weg in die Schweiz machte. Die Familie emigrierte im September 1933 weiter nach Paris, wo Wolfgang im Oktober sein in Zürich begonnenes Mathematikstudium an der Sorbonne fortsetzte. Am renommierten Institut Henri Poincaré forschte Wolfgang ab 1935 über die damals hochaktuelle Wahrscheinlichkeitstheorie und erwies sich mit seinen Veröffentlichungen über Markov-Prozesse sehr bald als einer der brillantesten Stochastiker seiner Zeit. Nur wenige Jahre vorher hatte der russische Mathematiker A.N. Kolmogorov in Moskau die bis heute vorherrschende Axiomatik dieses Gebietes geliefert. Wolfgang verfasste zwischen 1936 und 1939 fast 30 Artikel über sein Spezialthema, die in den Abhandlungen der Pariser Akademie und internationalen Fachzeitschriften erschienen.

Im Jahr 1936 erhielt die Familie Döblin die ersehnte französische Staatsangehörigkeit. Wolfgang wurde als französischer Staatsbürger nunmehr wehrpflichtig und nach seiner 1938 mit Auszeichnung abgeschlossenen Promotion zum Militärdienst eingezogen. Bei der Armee nannte er sich Vincent Doblin und gab sich als Elsässer aus; seine wissenschaftlichen Arbeiten zeichnete er weiter mit Wolfgang Doeblin. Auf eigenen Wunsch diente er als einfacher Soldat, obwohl Absolventen des Instituts Henri Poincaré üblicherweise die Offizierslaufbahn einschlu-

^ *Im Jahr 1938 promovierte Wolfgang Doeblin am Institut Henri Poincaré in Paris über Wahrscheinlichkeitstheorie.*

gen. Wissenschaftliche Forschung war für ihn bei der Armee nur noch eingeschränkt möglich; er sonderte sich aber nach Möglichkeit von seinen Kameraden ab und beschrieb in jeder freien Minute Schulhefte mit seinen mathematischen Überlegungen.

Während Wolfgangs Regiment in den Ardennen stationiert war empfing er am 1. September 1939 als Telegrafist seiner Einheit die Meldung vom Ausbruch des Zweiten Weltkriegs. Er sah die Gefahr, als ehemaliger Deutscher jüdischer Abstammung in französischer Uniform in die Hände der Feinde zu fallen, machte sich aber vor allem Sorgen um seine mathematische Arbeit. Während seiner Nachtdienste als Funker begann er mit der Arbeit an seinem wichtigsten Werk »Sur l'équation de Kolmogorov«. Im eiskalten ersten Kriegswinter verfasste er im Stall eines kleinen Bauernhofs in den Ardennen sein Manuskript, das er im Februar 1940 abschloss und in einem versiegelten Umschlag, einem so genannten »pli cacheté«, an die Académie des Sciences in Paris schickte. Er wollte sich dadurch die Urheberschaft über sein noch nicht veröffentlichtes wissenschaftliches Werk sichern.

Im März 1940 wurde Wolfgangs Einheit nach Lothringen nahe der Frontlinie in den Vogesen verlegt, wo die deutsche Offensive im Mai begann. Als die französische Armee am 20. Juni ihre Kapitulation erklärte, flüchtete Wolfgang noch am selben Abend vor den deutschen Truppen. Am Morgen erreichte er das kleine Dorf Housseras, verbrannte in einem Bauernhaus alle Papiere, die er bei sich trug, und erschoss sich in der benachbarten Feldscheune, um nicht in deutsche Kriegsgefangenschaft zu ge-

^ *Der Soldat Vincent Doblin befindet sich in der hinteren Reihe auf der linken Seite.*

langen. Er wurde auf dem Dorffriedhof von Housseras zunächst als unbekannter Soldat beigesetzt; erst 1944 erfolgte seine Identifizierung.

Wolfgangs verschlossener Brief war zwar wohlbehalten bei der Akademie eingetroffen und unter der Nummer 11668 registriert worden, aber anschließend in Vergessenheit geraten. Auch nachdem 1991 am Institut Henri Poincaré Aufzeichnungen über den verschlossenen Umschlag gefunden worden waren, sollte es noch bis zum Jahr 2000 dauern, bis der Umschlag mit dem Einverständnis der Akademie sowie von Wolf-

^ *Heute weist nur noch eine Kopie der Gedenktafel darauf hin, dass die Familie Döblin bis 1933 am Kaiserdamm 28 wohnte.*

gangs Brüdern Klaus und Stefan endlich geöffnet werden durfte. Der Inhalt stellte sich als Sensation heraus und ließ Wolfgang 60 Jahre nach seinem Tod als mathematisches Genie bekannt werden. Nur wenige Jahre nachdem er seine Überlegungen niedergeschrieben hatte, machte ein gleichaltriger Mathematiker, der Japaner Kyosi Itô, eine ähnliche mathematische Entdeckung. Er wurde dafür 1989 in die Pariser Akademie aufgenommen und auf dem Internationalen Mathematikerkongress 2006 mit dem Carl-Friedrich-Gauß-Preis ausgezeichnet. Heute kommt die Itô/Döblin-Formel u. a. in der Finanzmathematik zum Einsatz.

Wenige Tage vor Wolfgangs Selbstmord hatten seine Eltern mit seinem jüngsten Bruder Stefan Paris verlassen; auf getrennten Wegen waren sie in die USA entflohen. Sie erfuhren erst nach dem Krieg von Wolfgangs tragischem Tod und konnten ihren Schmerz nie verwinden. Alfred verarbeitete das Schicksal seines Sohnes literarisch in dem Buch »Hamlet oder die lange Nacht nimmt ein Ende«. Er verstarb 1957 nach schwerer Krankheit in einer badischen Klinik und wurde neben seinem Sohn Wolfgang auf dem Friedhof von Housseras begraben. Erna Döblin setzte wenige Monate später ihrem Leben ein Ende und wurde ebenfalls in dem lothringischen Dorf neben Mann und Sohn beigesetzt. Die Stadt Paris ehrt Alfred und Wolfgang Döblin seit 2006 mit einer Gedenktafel am früheren Wohnhaus der Familie.

MATHEMATISCHE VEREINIGUNGEN IN BERLIN

MATHEMATISCHER VEREIN AN DER UNIVERSITÄT BERLIN

Der Mathematische Verein war die erste mathematische Organisation, die in Berlin eine wesentliche Rolle spielte. Seine Entstehung hing ursächlich mit der Schaffung des mathematischen Seminars durch Kummer und Weierstraß zusammen, zu dem nur wenige Studenten zugelassen waren. Die weniger Glücklichen gründeten daraufhin Ende 1861 den Verein als studentische Selbsthilfeeinrichtung mit dem Ziel, mathematische Kenntnisse durch regelmäßige Vorträge, Diskussionen und Bearbeiten von Aufgaben zu fördern. Der mathematische Verein wurde schnell populär, so dass ihm fast alle jungen Berliner Mathematiker angehörten. Auch nach Abschluss des Studiums konnte man Mitglied bleiben, einen eigenständigen »Alte-Herren-Verband« gab es jedoch erst ab 1890. Unter den »alten Herren« befanden sich viele renommierte Mathematiker, die zumindest einige Semester ihres Studiums an der Berliner Universität verbracht hatten.

Neben dem aktiven wissenschaftlichen Leben kam in dem Verein auch die Geselligkeit nicht zu kurz. In den ersten 50 Jahren fanden die Vorträge mit anschließendem Bierumtrunk in diversen Berliner Lokalen statt. Später konnte man sich eine Vereinswohnung leisten. Von Anfang an entwickelte sich ein enger persönlicher Kontakt zwischen den Studenten und den Professoren, die auch viele Feste gemeinsam feierten. Aus politischen Gründen hatte der Verein ab etwa 1935 keine Bedeutung mehr. Nach dem Zweiten Weltkrieg ließ er sich nicht reaktivieren.

< *In den 1850er Jahren trafen sich die Berliner Mathematiker zu einem zwanglosen mathematischen »Kränzchen«.*

BERLINER MATHEMATISCHE GESELLSCHAFT

Der Mathematische Verein bildete die Keimzelle für die zweite historisch wichtige und bis heute existierende mathematische Organisation in Berlin, die »Berliner Mathematische Gesellschaft« (BMG). Der unmittelbare Anstoß für die Gründung der BMG im Jahr 1901 ging von Adolf Kneser (Professor an der Bergakademie) und Eugen Jahnke (Privatdozent an der TH Berlin) aus, zwei aktiven Mitgliedern des Alte-Herren-Verbandes des Mathematischen Vereins. Die beiden Herren unternahmen gerne gemeinsame Ausflüge an einen der Grunewald-Seen und überlegten dabei, wie das mathematische Leben in Berlin noch aufregender gestaltet werden könnte.

Die Zeit war im Grunde überreif für die Gründung einer mathematischen Gesellschaft. Jahrzehnte nach der industriellen Revolution, die auch zu einem Aufschwung für die Mathematik geführt hatte, gab es einen großen Kreis mathematisch interessierter Menschen in Berlin. Daher kam zur konstituierenden Sitzung der neuen mathematischen Gesellschaft im Oktober 1901 auch eine bunte Mischung von Personen zusammen, von Professoren und Studenten über Schullehrer bis hin zu Industriemathematikern. Zu den bekanntesten Gründungsmitgliedern zählten Constantin Carathéodory, Kurt Hensel, Edmund Landau und Issai Schur. Obwohl die Universitätsordinarien anfangs eher zurückhaltend waren, entwickelte sich die BMG schnell zu einem anerkannten kulturellen Zentrum der Berliner Mathematik. Das dritte Reich warf zwar auch auf die BMG dunkle Schatten, die Vereinigung konnte jedoch alle Wirrnisse jener Zeit überstehen.

Nach dem Zweiten Weltkrieg wurde die BMG im Jahr 1950 neu gegründet, wobei die beteiligten Mathematiker aus ganz Berlin kamen, ohne Rücksicht auf die Teilung der Stadt. Stellvertretend seien bei der Neugründung Erhard Schmidt (HU), Alexander Dinghas (FU) und Wolfgang Haack (TU) genannt. Absprachen unter den Mitgliedern waren zwar wegen der politischen Verhältnisse nicht immer einfach, aber bis zum Bau der Berliner Mauer möglich. Von 1961 bis 1989 waren die Mitglieder aus Ost-Berlin jedoch von der BMG abgeschnitten. Erfreulich viele Mathematiker aus dem Ostteil der Stadt traten aber nach dem Fall der Mauer wieder der Gesellschaft bei.

Die BMG gibt Sitzungsberichte heraus, um ihre Veranstaltungsvorträge und andere Informationen der Öffentlichkeit zugänglich zu machen. Ihr Verwaltungssitz ist am Mathematischen Institut der Freien Universität Berlin.

^ *Beim Wandern im Berliner Grunewald über Mathematik zu diskutieren, war das Lieblingshobby von Adolf Kneser und Eugen Jahnke.*

DEUTSCHE MATHEMATIKER-VEREINIGUNG

Mit dem um 1820 einsetzenden mathematisch-naturwissenschaftlichen Aufschwung in Deutschland war auch die Zeit für entsprechende fachliche Vereinigungen reif. Als älteste deutsche wissenschaftliche Vereinigung, die die Mathematik einbezog, wurde 1822 die »Gesellschaft Deutscher Naturforscher und Ärzte« (GDNÄ) gegründet. Die Gesellschaft veranstaltete jährliche Tagungen an unterschiedlichen Orten in Deutschland, die Vorträge über neueste Forschungsergebnisse, anregende Gespräche und persönliche Kontakte unter den Kollegen boten. Der Name der Vereinigung hat sich aus dieser Zeit erhalten, obwohl die Bezeichnung »Naturforscher« aus der Mode gekommen ist.

Bereits wenige Jahre nach der Gründung kam es zu einer fachbezogenen Aufspaltung in verschiedene Abteilungen. Alexander von Humboldt machte auf der Jahrestagung der GDNÄ 1828 in Berlin deutlich, dass dieser Schritt für eine wissenschaftliche Weiterentwicklung unumgänglich sei. Mathematik und Astronomie bildeten daraufhin eine eigene Sektion, blieben aber Teilmitglied der GDNÄ. Da die Mathematik sich im Laufe der Zeit unaufhörlich spezialisierte und auch an Bedeutung gewann, gab es immer wieder Bestrebungen, sich mit einer eigenständigen Vereinigung von den Naturwissenschaften abzusetzen. Es sollte jedoch mehrere Jahrzehnte dauern, bis dieses Ziel erreicht wurde.

Auf der Jahrestagung der GDNÄ im Jahre 1867 gab es den ersten, jedoch ergebnislosen Versuch einer Abspaltung. Erst der zweite Anlauf zur Gründung einer deutschlandweiten Vereinigung von Mathematikern war erfolgreich. Auf der Jahrestagung

der GDNÄ 1890 in Bremen konnte Georg Cantor die Gründung der »Deutschen Mathematiker-Vereinigung« (DMV) durchsetzen. Die erste reguläre Jahrestagung der DMV fand unter seinem Vorsitz 1891 in Halle statt. Cantor amtierte als erster Präsident bis 1893.

Nach dem Zweiten Weltkrieg wurde nicht die alte DMV weitergeführt, sondern 1947 bewusst eine neue, wenn auch gleichnamige Deutsche Mathematiker-Vereinigung gegründet. Sie war eine gemeinsame Organisation der Mathematiker in Ost und West, bis 1962 die »Mathematische Gesellschaft der DDR« (MGDDR) gegründet wurde. Im Jahre 1990 vereinigten sich MGDDR und DMV unter dem Namen DMV.

Die berufsständische Vertretung der Mathematiker in Deutschland, die sich der Förderung der mathematischen Wissenschaft in allen Bereichen widmet, hat heute etwas 5000 Mitglieder aus den verschiedensten Berufszweigen, vom Studenten bis zum Professor, vom Versicherungsmathematiker bis zum Lehrer. Die Geschäftsstelle der DMV befindet sich seit Dezember 2010 in einem Bürogebäude an der Markgrafenstraße 32 in Berlin-Mitte nahe dem Gendarmenmarkt, in Räumen, die vom Weierstraß-Institut (WIAS) für die DMV und das Sekretariat der IMU angemietet wurden.

^ *Das Foto entstand auf der Naturforscher-Tagung 1890 in Bremen. Georg Cantor sitzt in der ersten Reihe als Vierter von links.*

INTERNATIONAL MATHEMATICAL UNION

Die Mathematiker haben sich nicht nur in nationalen mathematischen Gesellschaften wie der DMV organisiert; zur Förderung der weltweiten Zusammenarbeit wurde 1920 (und nach den Kriegswirren erneut im Jahre 1951) die International Mathematical Union (IMU) gegründet. Die IMU hat keine persönlichen Mitglieder, ihre Mitglieder sind Länder, die wiederum eine nationale Organisation mit der Vertretung ihrer Interessen beauftragen. Deutschlands IMU-Repräsentant ist die DMV.

Anlässlich des Internationalen Mathematikerkongresses (ICM) im August 2010 in Indien beschloss die Generalversammlung der IMU, den ständigen Hauptsitz der Union ab 2011 in Berlin einzurichten. Berlin setzte sich dabei gegen Toronto und Rio de Janeiro durch. Die Berliner Bewerbung war eine gemeinsame Initiative des Weierstraß-Instituts für Angewandte Analysis und Stochastik (WIAS) und der Deutschen Mathematiker-Vereinigung (DMV). Das Bundesministerium für Bildung und Forschung (BMBF) und der Berliner Senat fördern das Büro mit rund einer halben Million Euro jährlich. Das ständige Sekretariat der IMU bezog Anfang 2011 Räume in der Markgrafenstraße 32 in unmittelbarer Nähe zum Gendarmenmarkt und zum WIAS-Hauptgebäude. Es ist der erste auf Dauer angelegte Sitz der IMU überhaupt. Zuvor wanderte das Büro mit dem jeweils gewählten Generalsekretär von Land zu Land.

Das aktuelle Logo wurde von einem Mitglied des Berliner Forschungszentrums »Matheon«, dem Visualisierungsexperten John Sullivan, entwickelt. Sein Entwurf basiert auf den Borromäischen Ringen, einer Konstellation von drei Ringen, die – obwohl paarweise unverschlungen – nicht voneinander gelöst werden können.

BERLINER LANDESVEREIN MNU

Der Deutsche Verein zur Förderung des mathematischen und naturwissenschaftlichen Unterrichts e.V. (kurz Förderverein MNU) ist einer der größten Fachlehrerverbände Deutschlands. Er vertritt u. a. die Fachinteressen der Mathematiklehrer aller Schulformen. Der Förderverein wurde 1891 gegründet und hat seitdem maßgeblichen Einfluss auf die Entwicklung des mathematisch-naturwissenschaftlichen Unterrichts in Deutschland genommen.

Der Gesamt-Förderverein ist nach regionalen Gesichtspunkten in Landesverbände unterteilt, wobei die Berliner gemeinsam mit den Brandenburger Mathematiklehrern zum Berlin-Brandenburger Landesverein MNU gehören.

Als Fachlehrerverband bietet der Berliner Landesverein Fortbildungsveranstaltungen zu allgemeinen didaktischen und methodischen Problemen sowie zu speziellen fachlichen Fragen an. Außerdem können die Mitglieder an Seminaren ihres eigenen Landesverbandes sowie am jährlichen Bundeskongress teilnehmen.

PREISE UND EHRUNGEN

DER NOBELPREIS UND DIE MATHEMATIK

Neunundzwanzig berühmte Personen blicken in der Galerie der Nobelpreisträger im Hauptgebäude der Humboldt-Universität den Besuchern entgegen. Viele von ihnen haben für ihre preiswürdigen Erkenntnisse auch mathematische Verfahren verwendet (wie Albert Einstein oder Max Planck), doch keiner von ihnen ist Mathematiker im eigentlichen Sinn. Das liegt nicht etwa daran, dass die Berliner Mathematiker keine herausragenden Ergebnisse zustande gebracht hätten, sondern daran, dass es keinen Nobelpreis für Mathematik gibt.

Der schwedische Erfinder und Industrielle Alfred Nobel hatte in seinem Testament verfügt, dass die Zinsen aus seinem Vermögen jährlich als Preise an diejenigen Personen vergeben werden sollten, »die im verflossenen Jahr der Menschheit den größten Nutzen geleistet haben«. Das Geld sollte zu fünf gleichen Teilen in den Kategorien Physik, Chemie, Medizin, Literatur und für Friedensbemühungen vergeben werden. Die ersten Preise wurden 1901 verliehen. Seit 1969 gibt es auch einen Preis für Wirtschaftswissenschaften, den die schwedische Reichsbank in Erinnerung an Nobel gestiftet hat. Der Nobelpreis gilt als die höchste Auszeichnung in den bedachten Wissenschaftsgebieten und ist der weltweit bekannteste wissenschaftliche Preis überhaupt.

Warum jedoch kommt die Mathematik, die Gauß einst selbstbewusst als die »Königin der Wissenschaften« bezeichnet hat, bis heute nicht als Kategorie vor? Als Gründe werden oft die Geringschätzung oder sogar Abneigung Nobels gegenüber dem Fach oder seine schlechte persönliche Beziehung zu dem schwedi-

< Auch Berliner Mathematiker wurden mit dem bedeutenden Orden Pour le Mérite für Wissenschaften und Künste ausgezeichnet.

schen Mathematiker Gösta Mittag-Leffler angeführt. Möglicherweise kann aber auch die russische Mathematikerin Sofja Kovalevskaja, die bei Karl Weierstraß in Berlin studiert hatte, daran schuld gewesen sein. Nachdem ihr schwedischer Kollege Gösta Mittag-Leffler sie auf eine Professorenstelle nach Stockholm geholt hatte, lernte sie Ende 1887 Alfred Nobel kennen. In der mathematischen Klatschpresse hält sich hartnäckig das Gerücht, dass sie eine Affäre mit Nobel hatte und ihn dann wegen Mittag-Leffler verließ. Das wäre eine schöne »Sex and Science«-Geschichte, historische Belege gibt es dafür aber nicht.

Auch wenn es keinen Nobelpreis für die Mathematik gibt, gibt es doch Mathematiker, die einen Nobelpreis erhalten haben. Dazu gehörten 1975 Leonid Kantorovich, 1994 Reinhard Selten und John F. Nash (der durch den Hollywood-Film »A Beautiful Mind« bekannt wurde), 2005 Robert Aumann, 2007 Eric S. Maskin und Roger B. Myerson, denen allen ein Nobelpreis in der Kategorie Wirtschaftswissenschaften zuerkannt wurde. Erstaunlich ist, dass sogar einer der Nobelpreisträger für Literatur (im Jahr 2003) eine mathematische Vergangenheit hat, nämlich der südafrikanische Schriftsteller John Coetzee.

^ *Alfred Nobel überging die Mathematik als Kategorie bei den von ihm gestifteten Preisen.*

FIELDS-MEDAILLE

Die Fields-Medaille wird für herausragende Entdeckungen in der Mathematik verliehen. Da sie als die höchste Auszeichnung gilt, die ein Mathematiker erreichen kann, spricht die Presse manchmal vom Nobelpreis für Mathematik. Die International Mathematical Union (IMU) vergibt die Fields-Medaille alle vier Jahre anlässlich des International Congress of Mathematicians (ICM) an jeweils zwei bis vier Preisträger. Die Fields-Medaille hat eine Besonderheit, die sie von anderen bedeutenden Wissenschaftspreisen unterscheidet: die Empfänger dürfen im Jahr der Verleihung nicht älter als 40 Jahre alt sein. Aus diesem Grund wurde z.B. Andrew Wiles auf dem ICM 1998 in Berlin nicht mit der Fields-Medaille geehrt, obwohl er seinerzeit eines der bedeutendsten offenen Probleme (Beweis von Fermats letztem Satz) gelöst hatte. Wiles erhielt stattdessen eine Sonderauszeichnung der IMU.

John Charles Fields (1863-1932), nach dem die Medaille benannt ist, war ein kanadischer Mathematiker. Da ihn das damalige mathematische Niveau an den Universitäten in Nordamerika nicht zufrieden stellte, begab er sich 1892 auf eine zehnjährige Forschungsreise durch Europa. Den größten Teil dieser Zeit verbrachte er in Berlin, wo er mit Fuchs, Schwarz, Weierstraß und Frobenius zusammenarbeitete. Hier lernte er auch den schwedischen Mathematiker Gösta Mittag-Leffler kennen, mit dem ihn eine lebenslange Freundschaft verband. 1902 ging er nach Kanada zurück und lehrte an der Universität Toronto.

Auf dem ICM 1924 in Toronto war Fields Präsident des Organisationskomitees. Die Tagung erwirtschaftete einen kleinen

Überschuss, und Fields schlug vor, diese Mittel zur Ausstattung eines Preises zu verwenden. Er verfügte kurz vor seinem Tod testamentarisch, dass zusätzlich ein Teil seines Vermögens in den Preisfonds einfließen sollte. Der Preis wurde daher nach ihm benannt und 1936 auf dem ICM in Oslo erstmals verliehen. Mit der Verleihung der Medaille ist ein Preisgeld verbunden, das beim letzten ICM 2010 in Hyderabad 15.000 Kanadische Dollar (etwa 10.000 Euro) betrug, also wertmäßig weit unter dem Niveau des Nobelpreises liegt. Es gibt allerdings Bestrebungen, den Betrag zu erhöhen, um den Preis finanziell attraktiver zu machen.

Bisher hat nur ein einziger Deutscher die Fields-Medaille erhalten, nämlich Gerd Faltings 1986. Es gibt drei weitere Preisträger, die ursprünglich Deutsche waren, nämlich: Klaus Friedrich Roth (Preis 1958), der 1925 als Sohn jüdischer Eltern in Breslau geboren wurde und als Jugendlicher auf der Flucht vor den Nationalsozialisten nach England kam, Alexander Grothendieck (Preis 1966), der 1928 in Berlin geboren wurde, aber als Jugendlicher nach Frankreich emigrierte, sowie Wendelin Werner (Preis 2006), der 1968 in Köln geboren wurde, seit 1977 die französische Staatsbürgerschaft besitzt und als Jugendlicher an der Seite Romy Schneiders in ihrem letzten Film »Die Spaziergängerin von Sanssouci« mitgewirkt hat.

^ *Auf der Vorderseite der Fields-Medaille befinden sich Archimedes' Kopf sowie sein Name in griechischen Buchstaben. Auf der Rückseite erkennt man im Hintergrund eine Archimedische Kugel, die einem Zylinder einbeschrieben ist.*

NEVANLINNA-PREIS

Der Nevanlinna-Preis wird von der IMU für herausragende mathematische Beiträge zur Informatik verliehen. Der seit 1982 vergebene Preis, der aus einer Medaille und einem Bargeldbetrag besteht, wird von der Universität Helsinki finanziert. Wie die Fields-Medaille wird er auf dem alle vier Jahre stattfindenden ICM überreicht, und es gilt die gleiche Altersbegrenzung. Unter den bisherigen Preisträgern ist kein Deutscher.

Der Preis ist nach dem finnischen Mathematiker Rolf Nevanlinna (1895-1980) benannt, der in Helsinki studierte und zunächst Schullehrer wurde. Ein Forschungsaufenthalt auf Einladung Edmund Landaus führte ihn 1924 nach Göttingen. Da Nevanlinnas Mutter aus Berlin stammte, sprach er gut deutsch und pflegte zeitlebens fachliche und private Kontakte nach Deutschland. Er begründete einen neuen Zweig der Funktionentheorie, der später als Nevanlinna-Theorie bezeichnet wurde. In Berlin wurde diese Theorie insbesondere durch Vorlesungen von Erhard Schmidt bekannt. Seit 1926 war Nevanlinna Professor an der Universität in Helsinki und zeitweise auch ihr Rektor. In den 1950er Jahren initiierte er die Computer-Ausstattung an finnischen Universitäten. Von 1959 bis 1962 war Nevanlinna Präsident der IMU.

^ *Die Vorderseite der Medaille zeigt neben dem Porträt Nevanlinnas die Initialen des finnischen Designers der Medaille Raimo Heino. Die Rückseite der Nevanlinna-Medaille zeigt das Siegel der Universität Helsinki sowie das Wort Helsinki in codierter Form.*

CARL-FRIEDRICH-GAUSS-PREIS

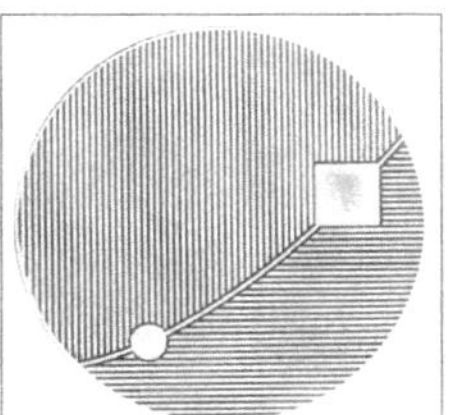

Mit dem Gauß-Preis sollen Wissenschaftler geehrt werden, deren mathematische Forschung besondere Auswirkungen außerhalb der Mathematik hat, sei es in aktuellen Technologiefeldern, in der Wirtschaft oder ganz einfach im Alltag. Der Preis wird gemeinsam von der Deutschen Mathematiker Vereinigung (DMV) und der IMU vergeben und von der DMV verwaltet. Der Preis besteht aus einer Medaille und ist derzeit mit 10.000 Euro dotiert. Die finanzielle Basis bildet ein Überschuss, den die Organisatoren des ICM 1998 in Berlin erwirtschaftet haben.

Die offizielle Bekanntgabe der Stiftung des Gauß-Preises erfolgte am 30. April 2002, dem 225. Geburtstag des Namensgebers Carl Friedrich Gauß. Der Preis wird wie die Fields-Medaille jeweils alle vier Jahre auf den mathematischen Weltkongressen verliehen, erstmals überreicht wurde er im Jahre 2006 auf dem ICM in Madrid, und zwar an den japanischen Mathematiker Kyosi Itô.

Carl Friedrich Gauß (1777-1855) – nach dem der Preis benannt ist – verband reine und angewandte Mathematik wie kaum jemand vor oder nach ihm. Er führte die Zahlentheorie zu höchster Blüte und entwickelte ebenso numerische Verfahren, wie die Fehlerausgleichsrechnung.

^ *Die von Jan Arnold entworfene Gauß-Preis-Medaille zeigt das bekannte Porträt von C. F. Gauß aufgelöst in vertikale Linien. Kreis und Quadrat auf einer Kurve symbolisieren die Methode der kleinsten Quadrate sowie die Entdeckung der Ceres-Umlaufbahn.*

ABELPREIS

Erst seit wenigen Jahren gibt es den Abelpreis, der nach dem norwegischen Mathematiker Niels Henrik Abel benannt ist und für außergewöhnliche wissenschaftliche Arbeiten auf dem Gebiet der Mathematik verliehen wird. Anlässlich Abels 200. Geburtstag richtete die norwegische Regierung im Jahr 2002 eine Stiftung zur Verleihung des Preises ein. Seit 2003 wird der Preis jährlich von der norwegischen Akademie der Wissenschaften vergeben. Die Höhe des Preisgeldes lässt sich fraglos mit dem Nobelpreis vergleichen, da der Abelpreis mit sechs Millionen norwegischen Kronen (etwa 750 000 Euro) dotiert ist. Bisher hat kein Deutscher diesen Preis erhalten.

Die Preisverleihung findet jährlich im Mai in der Aula des Universitätsgebäudes in Oslo in Anwesenheit eines Mitglieds des Königshauses statt. Mit dabei ist stets auch eine Gruppe von Schülerinnen und Schülern aus Berlin. Denn die Königlich Norwegische Botschaft in Berlin stiftet seit 2003 für ein Gewinnerteam des Wettbewerbs »Tag der Mathematik« als »kleinen« Abelpreis eine Reise nach Oslo. Bei diesem mathematischen Turnier lösen Gruppen von drei bis fünf Berliner Schülerinnen und Schülern ab der siebten Klasse innerhalb von drei Stunden Mathematik-Aufgaben auf drei Schwierigkeitsniveaus. Das Gewinnerteam aus den Jahrgangsstufen 11 bis 13 fährt gemeinsam mit Vertretern der organisierenden Bildungseinrichtung zur Verleihung des »großen« Abelpreises nach Oslo. Mit dieser Geste erinnert die Norwegische Botschaft an die Förderung, die dem Namensgeber des Preises Niels Henrik Abel in Berlin zuteil wurde.

^ *Die norwegische Hauptstadt Oslo schmückt sich anlässlich der Verleihung des Abelpreises mit markanten bunten Abel-Fahnen.*

GOTTFRIED-WILHELM-LEIBNIZ-PREIS

Der Leibniz-Preis ist ein Förderpreis der Deutschen Forschungsgemeinschaft (DFG) für herausragende deutsche Wissenschaftler. Er ist nach dem Universalgelehrten Gottfried Wilhelm Leibniz benannt, der im Jahre 1700 in Berlin die Akademie der Wissenschaften gründete. Seit 1986 wird der Preis jährlich an bis zu zehn Wissenschaftler aus verschiedenen Disziplinen verliehen und ist mit einer Preissumme von jeweils bis zu 2,5 Millionen Euro dotiert. Das Preisgeld ist innerhalb von sieben Jahren projektbezogen zu verwenden. Ziel ist es, die Arbeitsbedingungen und Forschungsmöglichkeiten der Preisträger zu verbessern, sie von Verwaltungsarbeiten zu entlasten und ihnen die Beschäftigung von Doktoranden zu erleichtern. Der höchstdotierte deutsche wissenschaftliche Förderpreis soll vorrangig an jüngere Forscher vergeben werden, um die Arbeitsbedingungen am Forschungsstandort Deutschland für sie attraktiver zu gestalten und sie möglichst von einer Abwanderung ins Ausland abzuhalten. Vier Berliner Mathematiker (Martin Grötschel, Gerhard Huisken, Rupert Klein und Günter M. Ziegler) sind bereits mit diesem Preis ausgezeichnet worden.

^ *Johann Friedrich Wentzel, Hofmaler des brandenburgischen Kurfürsten Friedrich III., schuf das Leibniz-Porträt um 1700.*

SOFJA-KOVALEVSKAJA-PREIS

Der Sofja-Kovalevskaja-Preis wird an besonders vielversprechende Nachwuchswissenschaftler aus dem Ausland vergeben. Die Bewerber müssen bereits beachtliche Erfolge in der Forschung nachweisen können und weitere Spitzenleistungen während ihres Aufenthaltes in Deutschland erwarten lassen. Der Preis wurde vom Bundesministerium für Bildung und Forschung gestiftet und wird von der seit 1860 bestehenden Alexander-von-Humboldt-Stiftung (die 1925 und zuletzt 1953 wieder gegründet wurde) verwaltet. Den Preisträgern steht für einen Zeitraum von fünf Jahren ein Betrag von insgesamt bis zu 1,65 Millionen Euro für das bewilligte Forschungsprojekt eigener Wahl zur Verfügung. Mit dem Preisgeld müssen Geräte und Sachmittel, Personal- und Reisekosten sowie der persönliche Lebensunterhalt in Deutschland bestritten werden.

Der Preis ist nach der russischen Mathematikerin Sofja Kovalevskaja benannt, der nur im Ausland Forschungsmöglichkeiten zur Verfügung standen und die in Berlin von Karl Weierstraß gefördert wurde. Das Programm ist jedoch nicht auf Mathematiker beschränkt, sondern steht Wissenschaftlern aller Disziplinen offen. Eine Preisträgerin ist auch die russische Mathematikerin Olga Holtz, die dafür von der kalifornischen Eliteuniversität Berkeley an die TU Berlin wechselte. Sie hat mittlerweile eine Professorenstelle an der TU Berlin und unterrichtet außerdem noch in Berkeley.

DIVERSE MATHEMATISCHE PREISE

Seit dem Jahr 1989 verleiht die Gesellschaft für Angewandte Mathematik und Mechanik (GAMM) jährlich den Richard-von-Mises-Preis, der an einen der beiden Gründerväter der GAMM erinnert. Richard von Mises hatte die GAMM 1922 gemeinsam mit dem Physiker Ludwig Prandtl (1875-1953) ins Leben gerufen.

Die Georg-Cantor-Medaille wird seit 1990 höchstens jedes zweite Jahr für herausragende wissenschaftliche Leistungen in der Mathematik verliehen. Sie wurde von der DMV zum Gedächtnis an ihren Gründer Georg Cantor gestiftet. Preisträger des Jahres 2006 war der Berliner Mathematiker Hans Föllmer.

Die Chern-Medaille wurde erstmals 2010 auf dem ICM in Indien verliehen. Sie ist nach dem bedeutenden chinesisch-amerikanischen Mathematiker Shiing-Shen Chern (1911-2004) benannt. Mit der hoch dotierten Auszeichnung sollen herausragende Lebensleistungen im Fach Mathematik geehrt werden.

Alle der vorgenannten bedeutenden mathematischen Preise haben einen gewissen Bezug zu Berlin. So hat sich John Charles Fields viele Jahre lang zu Forschungszwecken in Berlin aufgehalten. Rolf Nevanlinna hatte Berliner Wurzeln und pflegte intensive wissenschaftliche Kontakte nach Berlin. Auch Chern hatte langjährige enge wissenschaftliche Beziehungen zur TU Berlin. Im Jahre 2001 wurde ihm die Ehrendoktorwürde der TU Berlin verliehen. Die Namensgeber der weiteren vorgestellten mathematischen Preise, die in Berlin studiert, gelehrt, geforscht oder mit Berliner Mathematikern korrespondiert haben, sind im Biografie-Teil dieses Buch ausführlich porträtiert worden.

ORDEN POUR LE MÉRITE

Der preußische König Friedrich Wilhelm IV. stiftete 1842 auf Anregung Alexander von Humboldts den Orden »Pour le Mérite« für Wissenschaften und Künste. Er ergänzte damit den von Friedrich dem Großen 100 Jahre früher begründeten Militärorden um eine »Friedensklasse«. Nach dem Ende des Zweiten Weltkrieges wurde der Orden 1952 in der Bundesrepublik auf Initiative von Theodor Heuß wiederbelebt und steht seitdem unter dem Protektorat des jeweiligen Bundespräsidenten.

Die Mitgliedschaft im Orden war stets mit hohem Prestige verbunden. Folgende historische Berliner Mathematiker gehörten ihm an: Carl Gustav Jacob Jacobi (ab 1842), Johann Peter Gustav Lejeune Dirichlet (ab 1855) und Karl Weierstraß (ab 1875). Die in diesem Buch erwähnten Göttinger Mathematiker Carl Friedrich Gauß, Felix Klein und David Hilbert waren ebenfalls Mitglieder.

Seit der Wiedervereinigung wird die Frühjahrstagung des Ordens regelmäßig in Berlin abgehalten. Die öffentlichen Sitzungen mit Festvortrag finden traditionell jeweils im Juni in Anwesenheit des Bundespräsidenten im Konzerthaus am Gendarmenmarkt statt.

BERLINER MATHEMATIK HEUTE

MATHEMATISCHE INSTITUTE DER DREI UNIVERSITÄTEN

Die Mathematik wird an allen drei großen Berliner Universitäten als Studienfach angeboten, zum Teil mit besonderen Spezialisierungen wie Wirtschafts- oder Technomathematik. Stellenkürzungen in den vergangenen Jahren haben dazu geführt, dass sich die mathematischen Institute in untereinander abgestimmter Weise auf verschiedene Spezialgebiete konzentriert haben, so dass in Berlin zwar fast alle relevanten mathematischen Gebiete vertreten sind, aber viele nicht an allen Einrichtungen. Die Didaktik der Mathematik für die Ausbildung der zukünftigen Mathematiklehrer gibt es z. B. nur noch an der FU und der HU.

Das Institut für Mathematik der Humboldt-Universität hat seit März 2000 seinen Sitz in Adlershof, Rudower Chaussee 25. Im Mai 2002 erhielt das Gebäude den Namen Johann-von-Neumann-Haus. Weitere Informationen sind unter www.mathematik.hu-berlin.de erhältlich.

Das Institut für Mathematik der Technischen Universität hat seinen Sitz in Charlottenburg, Straße des 17. Juni 136. Weitere Informationen findet man unter www.math.tu-berlin.de. Da die Mathematik für alle Disziplinen besonders wichtig ist, beginnen die Telefonnummern der TU mit den ersten drei Ziffern der Zahl π.

Das Institut für Mathematik der Freien Universität ist in Dahlem in mehreren Gebäuden untergebracht, in der Arnimallee 2, 3, 6 und 7 sowie in der Königin-Luise-Straße 24-26. Weitere Informationen erhält man unter www.math.fu-berlin.de.

< Das mathematische Institut der Humboldt-Universität befindet sich auf dem Campus Adlershof im Johann-von-Neumann-Haus.

WEIERSTRASS-INSTITUT (WIAS)

Das Weierstraß-Institut (WIAS) hat seit seiner Gründung 1992 seinen Namen mehrmals leicht geändert, heute heißt es (in voller Länge) Weierstraß-Institut für Angewandte Analysis und Stochastik, Leibniz-Institut im Forschungsverbund Berlin e.V. Das erklärt, warum fast immer die Abkürzung Weierstraß-Institut oder WIAS verwendet wird.

Das WIAS ist ein außeruniversitäres Forschungsinstitut, das zur Leibniz-Gemeinschaft gehört. Es betreibt projektorientierte Forschung in Angewandter Mathematik zur Lösung komplexer Fragen aus Wirtschaft, Naturwissenschaft und Technologie. Das WIAS ist nach der Wiedervereinigung aus dem „Karl-Weierstraß-Institut für Mathematik“ der ehemaligen Akademie der Wissenschaften der DDR hervorgegangen.

Seinen Sitz hat das WIAS am Hausvogteiplatz in Mitte, in der Mohrenstraße 39. Weitere Informationen sind unter www.wias-berlin.de zu finden.

^ *Das Weierstraß-Institut ist in einem historischen Altbau des ehemaligen Konfektionsviertels in Berlin-Mitte untergebracht.*

ZUSE-INSTITUT (ZIB)

< *Das Liniendesign geht auf eine Zeichnung des 17-jährigen Konrad Zuse zurück.*

Das Konrad-Zuse-Zentrum für Informationstechnik Berlin, kurz ZIB, ist ein außeruniversitäres Forschungsinstitut des Landes Berlin, das in den Bereichen der anwendungsorientierten Mathematik und Informatik tätig ist. Die Mitarbeiter befassen sich mit hochkomplexen Problemen aus Wissenschaft, Technik, Umwelt oder Gesellschaft, für deren Lösung mathematische Modelle und effiziente Algorithmen entwickelt werden. Die für die Umsetzung benötigten Hochleistungsrechner stehen ebenfalls am ZIB bereit – nicht nur für die eigene Arbeit, sondern auch zur Unterstützung rechenintensiver Forschung in anderen wissenschaftlichen Einrichtungen. Das ZIB wurde 1984 als Zentrum für Informationstechnik des Landes Berlin gegründet und nach dem Bauingenieur Konrad Zuse (1910-1995) benannt, der in den Jahren 1937 bis 1941 in Berlin die weltweit ersten programmierbaren und voll funktionsfähigen elektromechanischen Computer baute. Seit 1996 hat das ZIB seinen Sitz in einem Neubau in Dahlem an der Takustraße 7, in unmittelbarer Nachbarschaft der Institute für Mathematik und Informatik der Freien Universität. Weitere Informationen sind unter www.zib.de erhältlich.

^ *Der Neubau des Zuse-Instituts wurde räumlich in den Campus der Freien Universität in Dahlem eingebunden.*

MATHEON

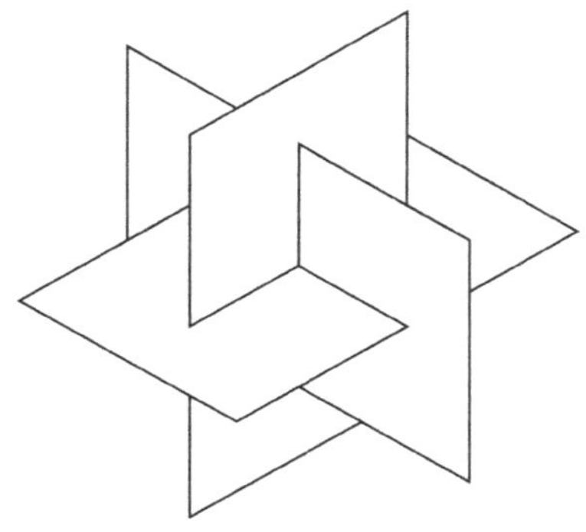

Zu Beginn dieses Jahrzehnts wurde von der Deutschen Forschungsgemeinschaft (DFG) die Einrichtung von Forschungszentren ausgeschrieben mit dem Ziel, international sichtbare Exzellenzzentren zu etablieren. Einen der Wettbewerbe gewann eine Gruppe Berliner Mathematiker, die im Jahre 2002 das DFG-Forschungszentrum Matheon gründeten. Es wird von den Mathematikinstituten der drei großen Berliner Universitäten sowie dem Weierstraß- und dem Zuse-Institut getragen und mit jährlich rund 6 Millionen Euro von der DFG gefördert.

Ziel des Matheon ist es, maßgeschneiderte Lösungen für komplexe Fragestellungen moderner Schlüsseltechnologien zu entwickeln. Etwa 200 Matheon-Mitglieder, darunter rund 50 Professoren, modellieren, simulieren und optimieren derzeit anwendungsnahe Probleme mit vielfältigen mathematischen Methoden in rund 70 Projekten – viele davon in Kooperation mit Industrieunternehmen.

Zu den Anwendungsgebieten gehören z. B. Lebenswissenschaften (Entwicklung neuer Medikamente und Therapien), Netzwerke (Optimierung von Logistik-, Verkehrs- und Telekommunikationsnetzen), Produktion (Herstellung von Stahl), elektronische und optische Komponenten (Solarzellen), Finanzen (Risikomodellierung), Visualisierung (medizinische Bildverarbeitung, Computer-Aided-Design). Viele weitere Beispiele findet man unter www.matheon.de.

Das Matheon engagiert sich außerdem durch Lehrerfortbildungen und Schülerprojekte bei der Verbesserung der schulischen Mathematik-Ausbildung und Begabtenförderung.

BERLIN MATHEMATICAL SCHOOL

Die Berlin Mathematical School (BMS) ist eine gemeinsame Graduiertenschule der FU, HU und TU Berlin. Sie wurde im Juni 2006 gegründet, am 13. Oktober 2006 in der ersten Runde der so genannten Exzellenzinitiative des Bundes und der Länder in der »Förderlinie Graduiertenschulen« ausgezeichnet und wird seitdem mit mehr als einer Million Euro jährlich gefördert. Bereits zwei Tage nach der Auszeichnung begann das anspruchsvolle Programm für leistungsorientierte Studierende aus dem In- und Ausland, die schon mindestens ein Grundstudium in Mathematik absolviert haben.

Ziel ist, hochqualifizierte Studierende in kurzer Zeit zur Promotion zu führen. Studierende mit einem Master- oder Diplom-Examen beginnen direkt mit dem Promotionsstudium in einer der vielen aktiven mathematischen Forschungsgruppen in Berlin. Studierende mit einem Bachelor-Abschluss werden nach einem zweijährigen Einführungsprogramm (Phase I) direkt in das Doktorandenprogramm (Phase II) übernommen, falls sie die Qualifikationsprüfung bestehen. Rund die Hälfte der Studierenden kommt aus dem Ausland; der Frauenanteil nähert sich 50 %.

Das Studium mit Vorlesungen, Workshops und exklusiven Seminaren erfolgt in englischer Sprache. Es umfasst alle mathematischen Fachgebiete und zielt auch auf die Überwindung der vermeintlichen Grenzen zwischen Reiner und Angewandter Mathematik. Näheres erfährt man unter www.math-berlin.de

MATHEMATISCHE FÖRDERPROGRAMME

Die Deutsche Forschungsgemeinschaft (DFG) fördert in Berlin Sonderforschungsbereiche, Graduiertenkollegs und andere koordinierte Programme. Diese sollen insbesondere der Strukturbildung auf besonders aktuellen Arbeitsgebieten dienen und zur Bündelung des wissenschaftlichen Potenzials beitragen. Für jedes der mathematischen Projekte gibt es zwar eine Sprecherhochschule, an den meisten sind jedoch mehrere Universitäten und Forschungsinstitute beteiligt, so dass hier nur die Projektnamen genannt werden. Weitere Informationen erhält man auf den jeweiligen Webseiten.

Sonderforschungsbereiche sind langfristig angelegte Forschungseinrichtungen an den Hochschulen, in denen Wissenschaftler im Rahmen eines fächerübergreifenden Forschungsprogramms zusammenarbeiten. In Berlin wird zurzeit der mathematische Sonderforschungsbereich »Raum-Zeit-Materie. Analytische und Geometrische Strukturen« gefördert.

Graduiertenkollegs sind befristete Einrichtungen der Hochschulen zur Förderung des wissenschaftlichen Nachwuchses. Doktoranden erhalten hier die Möglichkeit, in Forschungsprogramme einbezogen zu werden. Zurzeit gibt es in Berlin u. a. das Graduiertenkolleg „Methoden für diskrete Strukturen“ sowie die Forschergruppe „Polyedrische Flächen: Geometrie und Kombinatorik“, die beide von der DFG gefördert werden.

Im europäischen Kontext verteilt der „European Research Council“ (ERC) Fördergelder für herausragende Forschungsprojekte einzelner Wissenschaftler. Fünf Berliner Mathematiker erhalten derzeit finanzielle Mittel (sogenannte ERC-Grants) aus diesem europäischen Förderetat.

BERLIN-BRANDENBURGISCHE AKADEMIE DER WISSENSCHAFTEN

Die Berlin-Brandenburgische Akademie der Wissenschaften widmet sich generell der Förderung der Wissenschaften, wobei ihr auch der Dialog zwischen Wissenschaft und Öffentlichkeit wichtig ist. Diverse Vorträge über das Jahr verteilt sind öffentlich zugänglich.

Mehrere der Berliner Mathematiker sind Mitglied der BBAW. Sie gehören zur mathematisch-naturwissenschaftlichen Klasse, die eine von insgesamt fünf ist. Die Akademie hat ihren Hauptsitz am Gendarmenmarkt in der Jägerstraße 22/23. Für weitere Informationen sei auf die Webpage www.bbaw.de verwiesen.

Der Mathematiker und Wissenschaftshistoriker Eberhard Knobloch, BBAW-Mitglied und pensionierter TU-Professor, der von 2002 bis 2008 eine für ihn geschaffene Akademieprofessur innehatte, leitet u. a. verantwortlich die Edition der naturwissenschaftlich-medizinisch-technischen Schriften Leibniz' und die Alexander-von-Humboldt-Forschungsstelle der BBAW.

^ *Am Hauptsitz der BBAW am Gendarmenmarkt werden auch Veranstaltungen für die interessierte Öffentlichkeit angeboten.*

AUSSERGEWÖHNLICHE MATHEMATIK-VORLESUNGEN

Seit 1993 findet im Schlosstheater des Neuen Palais' im Sanssouci-Park einmal jährlich im Mai eine Mathematik-Veranstaltung in festlichem Rahmen statt, die nach Leonhard Euler benannt ist. Diese »Euler-Vorlesung« wird von den Berliner und Potsdamer mathematischen Instituten und der Berliner Mathematischen Gesellschaft gemeinsam getragen. Der Vortragende ist stets ein bedeutender deutscher oder ausländischer Mathematiker, der von einer unabhängigen Jury ausgewählt wird. Die fachliche Vorlesung wird traditionell von einem historischen Vortrag begleitet sowie von musikalischen Einlagen und politischen Grußworten umrahmt.

Die Mathematiker der Humboldt-Universität haben im Jahr 2007 mit der »Richard-von-Mises-Vorlesungsreihe« begonnen. Mit dieser Veranstaltung, die seitdem einmal jährlich auf dem Campus Adlershof stattfindet, wollen die Initiatoren die Aufmerksamkeit der Mathematiker, anderer Wissenschaftler und der Öffentlichkeit auf moderne Gebiete der angewandten Mathematik lenken und gleichzeitig die Geschichte Adlershofs einbeziehen. Dabei geht ein historischer Vortrag dem eigentlichen Hauptvortrag voraus.

Neben dem Streben nach wissenschaftlicher Exzellenz verfolgt die Berlin Mathematical School auch das Ziel, die Chancen von Frauen in mathematischen Laufbahnen zu steigern. Daher wurden »Sofja-Kovalevskaja-Kolloquien« initiiert, die neben Vorträgen auch Diskussionen über die Karrierewege von erfolgreichen Frauen in der Mathematik einschließen.

MATHEMATIKPROGRAMME FÜR JUNGE MENSCHEN

Die Mathematische Schülergesellschaft Leonhard Euler ist eine außerschulische Einrichtung zur Förderung mathematisch begabter und interessierter Schülerinnen und Schüler der Klassenstufen 7 bis 13. Sie wurde 1970 an der Humboldt-Universität gegründet und 1983 im Rahmen der Ehrung für Leonhard Euler anlässlich seines 200. Todestages nach ihm benannt. Geleitet werden die wöchentlich stattfindenden Schülertreffen von Professoren und Mitarbeitern des Instituts für Mathematik an der Humboldt-Universität sowie Gastdozenten.

Für junge Leute, die ihr mathematisches Können gerne unter Beweis stellen und sich mit anderen messen wollen, werden zahlreiche Wettbewerbe angeboten: Mathematik-Olympiade (national und international), Känguru-Wettbewerb, Tag der Mathematik, Bundeswettbewerb Mathematik.

Ein Höhepunkt der Schüleraktivitäten ist der digitale Adventskalender, bei dem sich zwischen dem 1. und dem 24. Dezember täglich im Internet ein Türchen mit einer mathematischen Aufgabe öffnet. Der 2004 vom Matheon für Schüler der oberen Jahrgangsstufen ins Leben gerufene Wettbewerb wird seit 2008 auf Initiative der DMV durch zwei gleichartige Wettbewerbe „Mathe im Advent" für niedrigere Klassenstufen ergänzt. Mit dem Lösen der mathematischen Probleme wird nicht nur die Wartezeit auf das Christkind verkürzt, sondern es gibt auch viele wertvolle von Unternehmen gespendete Preise zu gewinnen. Die Teilnehmerzahlen steigen jährlich, 2010 haben sich fast 70.000 Personen (aus über 50 Ländern der Welt) für diesen vorweihnachtlichen Wettbewerb registriert.

MATHEMATISCHES INTERNETPORTAL

Deutschlands erfolgreichste Mathematik-Internetseite www.mathematik.de wurde im Jahr 2000 unter der Schirmherrschaft der Deutschen Mathematiker-Vereinigung eingerichtet, um eine Vernetzung zwischen den Fachmathematikern und der an Mathematik interessierten Öffentlichkeit zu schaffen. Das Herz dieser Einrichtung schlug ursprünglich an der Freien Universität Berlin im Büro des Mathematikprofessors Ehrhard Behrends, der die Einrichtung dieser Webseite anregte, sie entwickelte und liebevoll pflegte. Seit dem Jahr 2009 liegt die Hauptverantwortung für die Seite bei der Universität Kassel. Professor Behrends ist mittlerweile mit der Entwicklung eines analogen europäischen Portals beschäftigt.

Pro Tag gibt es auf der Internetseite etwa 5000 Besucher, zu denen Schüler, Studierende, Ingenieure, Hausfrauen, Rentner oder Journalisten gehören. Das Spektrum der konkreten Anfragen ist breit. Es reicht vom Handwerker, der wissen will, wie man optimal kleine kreisförmige Bleche aus einem großen rechteckigen Blech schneidet, über die Mutter, die mit der Bewertung der Mathematikarbeit ihrer Tochter nicht einverstanden ist, zu Büroteams, die an mathematischen Knobelaufgaben verzweifeln. Die meisten Anfragen kommen jedoch von Schülern und Schülerinnen, die sich in der Kategorie »Erste Hilfe« beraten lassen.

Die Anschubfinanzierung für das mathematische Internetportal kam vom Bundesministerium für Bildung und Forschung. Die Gelder für die Bezahlung der beteiligten studentischen Mitarbeiter stammen inzwischen von einer großen deutschen Versicherungsgruppe.

MATHEMACHER

Wissenschaftsjahr 2008

Mathematik

Alles, was zählt

Seit dem Jahr 2000 richtet das Bundesministerium für Bildung und Forschung (BMBF) im Rahmen der Initiative Wissenschaft im Dialog Wissenschaftsjahre aus. Ziel ist es, das Interesse einer breiten Öffentlichkeit an Wissenschaft zu verstärken und junge Menschen für wissenschaftliche Themen zu interessieren. Das Wissenschaftsjahr 2008 stand unter dem Motto „Mathematik. Alles, was zählt“. An diesem Jahr der Mathematik waren auch die Deutsche Telekom-Stiftung, die Deutsche Mathematiker-Vereinigung und viele mathematische Einrichtungen beteiligt. Vielfältige Veranstaltungen haben der Öffentlichkeit gezeigt, wie wichtig aber auch faszinierend diese uralte und gleichzeitig moderne Wissenschaft ist.

Ein Ziel des Jahres war eine breite Einbindung von individuellen Akteuren als sogenannte „Mathemacher“. Lehrende an Schulen und Hochschulen, Studierende, Eltern, Mathematiker in Forschungszentren, Betrieben und Verbänden sowie schlicht Mathe-Begeisterte wurden zu Botschaftern für die Mathematik. Da diese Mathemacher-Kampagne ein voller Erfolg war, sollte sie über das Jahr der Mathematik hinaus fortgesetzt werden. Die Koordination der Mathemacher und ihrer Aktionen erfolgt seit 2009 unter dem Dach der DMV. Jeder der sich in Beruf oder Alltag für die Mathematik engagiert und sich mit eigenen Ideen einbringen möchte, ist aufgerufen sich als Mathemacher zu bewerben. Jeden Monat wird ein Mathemacher mit seinem Projekt ausführlich auf der Webseite der DMV präsentiert.

^ *Logo des Bundesministeriums für Bildung und Forschung für das Jahr der Mathematik.*

ORTE DER ERINNERUNG

FRIES AM ROTEN RATHAUS

Das Berliner Rathaus, das wegen seiner roten Backsteinfassade auch als Rotes Rathaus bezeichnet wird, wurde nach Entwürfen des königlichen Baurates Hermann Friedrich Waesemann in den 1860er Jahren errichtet. Auf Anregung des Architekten erhielt das Rathaus einen umlaufenden Relieffries aus insgesamt 36 Terrakottatafeln, die die Geschichte der Stadt seit ihrer Gründung im 13. Jahrhundert in einzelnen Szenen dokumentieren.

Das dreiundzwanzigste Relief, an der Hauptfront des Rathauses rechts des Eingangsportals, ist der Gründung der Akademie der Wissenschaften gewidmet. Mit dieser Darstellung rückte der Bildhauer Ludwig Brodwolf, der die Tontafel 1876 schuf, die Kurfürstin Sophie Charlotte neben dem Universalgelehrten und Mathematiker Leibniz in den Mittelpunkt des Geschehens. Sophie Charlotte sitzt als eigenständige Frau inmitten von Gelehrten auf ihrem Thron und weist auf die Gründungsurkunde hin, die Leibniz vor ihr in Händen hält. Obwohl sie ohne Herrschaftssymbole in ungezwungener Haltung abgebildet ist, wirkt die Kurfürstin überzeugend als Mitinitiatorin und einflussreiche Gestalterin der Akademie. Es fällt auf, dass Kurfürst Friedrich III., ihr Gemahl, in dieser Szene fehlt. Der Fries sollte jedoch nicht repräsentativen Zwecken dienen, sondern war als Gegenpol zum nahe gelegenen Stadtschloss der Hohenzollern für die bürgerliche Öffentlichkeit gedacht.

< Die Gründung der Sozietät der Wissenschaften im Jahre 1700 ist ein bedeutendes Ereignis in der steinernen Stadtchronik.

INSCHRIFT AM REITERDENKMAL FÜR FRIEDRICH DEN GROSSEN

Im Jahre 1851 wurde das Reiterdenkmal Friedrichs des Großen, ein Meisterwerk des Bildhauers Christian Daniel Rauch, auf der Mittelpromenade Unter den Linden eingeweiht. Eine hochkarätige Kommission hatte lange vorher unter den Zeitgenossen des Königs die bedeutendsten Militärs, Minister, Künstler und Gelehrten ausgewählt, die auf dem Sockel als Figuren dargestellt oder wenigstens auf Inschriftenplatten genannt werden sollten.

Seitdem werden an dieser prominenten Stelle auch zwei Mathematiker geehrt. Die beiden Repräsentanten der Mathematik fanden ihren Platz leider nur an der Rückseite des Denkmals, direkt unter dem Schwanz des Pferdes, und es reichte auch lediglich zu einer Namensinschrift. Erwähnung finden hier der Universalgelehrte, Jurist, Philosoph und Mathematiker Christian Freiherr von Wolff und Pierre Louis Moreau de Maupertuis, der überdies das wichtige Präsidentenamt der Akademie der Wissenschaften bekleidete. Leonhard Euler war als Wissenschaftler fraglos bedeutender als diese beiden Personen, konnte aber keine relevante gesellschaftliche Stellung vorweisen.

^ *»Da, wo die Scheiße fällt, stehen die Intellektuellen.« (Zitat von Heiner Müller) Auch die Namen zweier Mathematiker stehen dort.*

GEDENK-TAFELN AN HÄUSERN

In Erinnerung an bedeutende mathematische Berliner findet man mehrere Gedenktafeln in der Stadt. Die älteste Ehrung dieser Art gebührt Leonhard Euler. Die Gedenktafel für ihn wurde 1907 anlässlich seines 200. Geburtstages von der Stadt Berlin am Haus Behrenstraße 21/22 in Mitte angebracht, in dem heute die Bayerische Landesvertretung ihren Sitz hat. In dem Vorgängergebäude hatte Euler von 1743 bis 1766 gewohnt.

Die jüngste Gedenktafel in Berlin für einen Mathematiker gilt Niels Henrik Abel. Sie befindet sich am Gebäude Am Kupfergraben 4a in Mitte. In dem Vorgängergebäude an dieser Stelle hatte Abel von 1825 bis 1826 gelebt. Die Bronzetafel wurde am 6. April 2014, Abels 185. Todestag, in Anwesenheit führender Vertreter der norwegischen Akademie, der IMU, der DMV und der BMG enthüllt.

Eine weitere Gedenktafel erinnert an August Leopold Crelle. Sie ist an Crelles früherem Wohnort (heute Potsdamer Straße 172) in Schöneberg angebracht.

Außerdem gibt es eine Gedenktafel für Konrad Zuse, der zwar kein Mathematiker war, dessen Computererfindung aber mathematisch relevant ist und nach dem auch ein mathematisches Forschungsinstitut in Berlin benannt wurde. Die Tafel befindet sich neben seiner früheren Adresse, den kriegszerstörten Häusern Methfesselstraße 10 und 7 in Kreuzberg. Von 1936 bis 1944 hat Konrad Zuse an diesem Ort aus Überdruss an der monotonen und mühseligen Ausführung von Berechnungen die programmgesteuerten Rechenanlagen Z1 bis Z4 entwickelt und gebaut. 1941 ging der Rechner Z3 als erster funktionsfähiger Computer der Welt in Betrieb.

^ *Die vor über 100 Jahren an der heutigen Bayerischen Landesvertretung angebrachte Gedenktafel erinnert an Eulers Stadtwohnsitz.*

STRASSENNAMEN

Mit den folgenden Straßennamen werden in Berlin Mathematiker gewürdigt, die mit der Stadt verbunden waren und deren Leben im Geschichts- oder Biografieteil dargestellt ist.

- Leibnizstraße, Charlottenburg, Name seit 28. Juni 1869
- Gottfried-Leibniz-Straße, Adlershof, Name seit 26. August 1998
- Eulerstraße, Gesundbrunnen, Name seit 1. Juni 1910
- Lambertstraße, Charlottenburg, Name seit 4. September 1910
- Gaußstraße, Charlottenburg, Name seit 30. Mai 1892
- Gaußstraße, Oberschöneweide, Name seit etwa 1900
- Crellestraße, Schöneberg, Name seit 28. März 1958
- Ohmstraße, Mitte, Name seit 4. April 1895 (früher Ohmgasse ab 1827)
- Kroneckerstraße, Adlershof, Name seit 11. September 2002
- Cantorsteig, Mariendorf, Name seit 21. August 1931

Die folgenden Straßennamen beziehen sich auf berühmte, auswärtige Mathematiker.

- Kopernikusstraße, Friedrichshain, Name seit 1902
- Kopernikusstraße, Lichterfelde, Name seit 23. Mai 1903 (Nikolaus Kopernikus, 1473-1543, Mathematiker, Astronom)
- Galileistraße, Plänterwald, Name seit 8. August 1960 (Galileo Galilei, 1564-1642, Mathematiker, Physiker, Astronom)
- Keplerstraße, Charlottenburg, Name seit 30. Mai 1892
- Keplerstraße, Oberschöneweide, Name seit etwa 1900 (Johannes Kepler, 1571-1630, Mathematiker, Astronom)
- Newtonstraße, Adlershof, Name seit 26. August 1998 (Isaac Newton, 1643-1727, Mathematiker, Physiker)

^ *An dieser Kreuzung in Oberschöneweide stoßen die Straßenschilder für zwei bedeutende Mathematiker aufeinander.*

GRABSTÄTTEN

Auf den folgenden Berliner Friedhöfen sind Grabstätten historisch bedeutender Mathematiker zu finden.

- Friedhof der Domgemeinde St. Hedwig, Mitte:
  Karl Weierstraß, Der Grabstein wurde nach dem Mauerbau aus dem Grenzstreifen an die heutige Stelle versetzt.
- Alter St. Matthäus Friedhof, Schöneberg:
  Leopold Kronecker, Ehrengrab
  Immanuel Lazarus Fuchs, Ehrengrab
- Dreifaltigkeits-Friedhof I, Kreuzberg:
  Carl Gustav Jacobi, Ehrengrab
- Jerusalems- und Neue Kirche, Friedhof I, Kreuzberg:
  Friedrich Gustav Gauß, Ehrengrab (Gründer des preußischen Katasteramtes)
  August Zillmer (bedeutender Versicherungsmathematiker, Gedenkstein gestiftet von 36 Lebensversicherungsanstalten)
- Jerusalems- und Neue Kirche, Friedhof III, Kreuzberg:
  Karl Wilhelm Borchardt
- Waldfriedhof Heerstraße, Charlottenburg:
  Hermann Minkowski
- Jüdischer Friedhof, Weißensee:
  Edmund Landau

Die Gräber von Weierstraß, Fuchs und Minkowski wurden auch eine Zeitlang als Ehrengräber geführt; dieser Status endete jedoch vor wenigen Jahren.

^ *Der Mathematiker Hermann Minkowski verstarb zwar in Göttingen, wurde aber aus familiären Gründen in Berlin bestattet.*

STOLPERSTEINE

Der Künstler Gunter Demnig erinnert an die Opfer von Holocaust und Euthanasie aus der Zeit des Nationalsozialismus, indem er vor ihrem letzten selbstgewählten Wohnort Gedenktafeln aus Messing in den Gehweg einsetzt. Mit diesen „Stolpersteinen“, in die die Namen der Opfer eingelassen sind, bleibt die persönliche Erinnerung an die Menschen lebendig. Der 1947 in Berlin geborene Demnig hat 1996 in Köln die ersten Steine verlegt. Inzwischen liegen die Stolpersteine in über 500 Orten Deutschlands und in mehreren Ländern Europas.

In Berlin sind im September 2008 drei Stolpersteine für Mathematiker verlegt worden, und zwar für Kurt Grelling, für Robert Erich Remak und für Margarete Kahn. Anlässlich des Jahres der Mathematik wollten Berliner Mathematiker auch an die Ermordung von Kollegen durch das NS-Regime erinnern. Die Initiative ging auf Anregung der Autorin dieses Buches von den mathematischen Instituten aller drei Berliner Universitäten, vom WIAS und vom ZIB aus.

Der 1886 in Berlin geborene Kurt Grelling studierte ab 1905 an der Universität Göttingen und promovierte 1910 bei David Hilbert. Ab 1923 arbeitete er an der Walther-Rathenau-Oberrealschule in Berlin-Neukölln als Gymnasiallehrer. Diese Stelle verlor er 1933 aufgrund seiner jüdischen Herkunft. 1937 flüchtete Grelling nach Brüssel. Nach der Invasion der Deutschen in Belgien 1940 wurde Grelling festgenommen, zunächst in ein Arbeitslager nach Südfrankreich gebracht, später nach Auschwitz verschleppt und dort 1942 ermordet. Mit ihm wurde seine nicht-jüdische Ehefrau Margareta deportiert und ermordet, die

^ *Die Stolpersteine für das Ehepaar Grelling wurden 2008 gesetzt. Paten sind die Mathematikprofessoren Alexander Mielke und Peter Deuflhard.*

sich geweigert hatte, sich von ihm zu trennen oder gar scheiden zu lassen. Auch für Margareta Grelling wurde ein Stolperstein verlegt. Ihre beiden Kinder hatten die Grellings rechtzeitig auf ein Schweizer Internat in Sicherheit bringen können. Leider konnten die in der Schweiz lebende Tochter und der in den USA wohnende Sohn des Ehepaares Grelling aus Altersgründen nicht an der Zeremonie teilnehmen. Die beiden Stolpersteine liegen in der Königsberger Straße 13 in Lichterfelde.

Das Schicksal von Robert Erich Remak wird ausführlich im Biografie-Teil dieses Buches beschrieben. Sein Gedenkstein befindet sich in der Manteuffelstraße 23 in Lichterfelde.

Die 1880 in Eschwege geborene Margarete Kahn studierte Mathematik in Berlin und Göttingen. Ihre Promotion verfasste sie 1909 bei David Hilbert. Sie war als Studienrätin in Kattowitz, Dortmund und 1929 in Berlin-Tegel tätig. Von dieser Tätigkeit wurde sie 1933 zwangsbeurlaubt und 1936 entlassen. Sie musste Zwangsarbeit als Fabrikarbeiterin leisten. Margarete Kahn wurde 1942 deportiert und in Piaski ermordet. Ihr Gedenkstein befindet sich in der Rudolstädter Straße 127 in Wilmersdorf; die Patenschaft dafür hat die Autorin dieses Buches übernommen.

^ *Der Stolperstein für Margarete Kahn wurde 2008 gesetzt. Patin ist die Autorin dieses Buches.*

GEDENKEN IN GEBÄUDEN

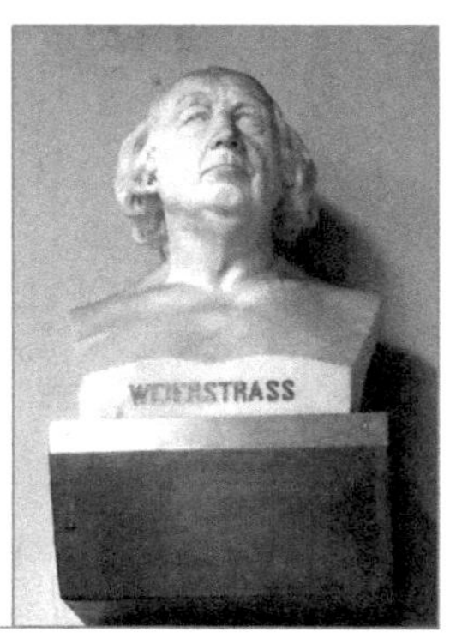

Im Hauptgebäude der Humboldt-Universität lässt sich im ersten Obergeschoss eine Galerie mit zahlreichen Gemälden entdecken, die frühere Rektoren der Universität darstellen. Ein besonders großes Bild zeigt die Reproduktion eines Porträts von Karl Weierstraß, der 1873/74 Rektor war. Außerdem ist im dritten Obergeschoss des Gebäudes ein Hörsaal nach Weierstraß benannt. In diesem Hörsaal kann man Büsten von Weierstraß sowie Kummer auf hochgelegenen Konsolen bewundern.

Im mathematischen Institut der Humboldt-Universität in Adlershof, das nach Johann von Neumann benannt ist, findet man im Foyer eine großflächige Gedenktafel für den Namensgeber mit seinem Lebenslauf und einem Porträt.

Im Weierstraß-Institut (WIAS) sind die Hörsäle nach Karl Weierstraß und Erhard Schmidt benannt. Außerdem sind Büsten dieser beiden Wissenschaftler aufgestellt. Entsprechend gibt es im Konrad-Zuse-Zentrum (ZIB) eine Büste des Namensgebers Konrad Zuse.

^ *Im Hauptgebäude der BBAW am Gendarmenmarkt erinnert eine Gedenktafel an den Initiator der Akademie. Oben: Diese Büste überblickt den Weierstraß-Hörsaal des Weierstraß-Instituts.*

NAMENS-PATRONATE

In Berlin wird die Erinnerung an Mathematiker auch mit den Namen von Gebäuden oder sogar profanen Einrichtungen wach gehalten.

So hat das Institutsgebäude für Mathematik und Informatik der Humboldt-Universität in Adlershof die Bezeichnung »Johann von Neumann Haus« erhalten. Der Name ist geschickt gewählt, da Neumann in beiden Fachgebieten wesentliche Grundlagen geschaffen hat.

Bei den mathematischen Forschungszentren in Berlin ist das WIAS nach dem prominenten Mathematiker Karl Weierstraß sowie das ZIB nach dem Computerpionier Konrad Zuse, für den mathematische Anwendungen unverzichtbar waren, benannt.

Seit 2006 gibt es einen griechischen Akademiker-Kulturverein in Berlin, der sich namentlich auf Constantin Carathéodory bezieht.

Namen von Mathematikern werden erstaunlicherweise auch für Kneipen gerne gewählt. So findet man im Wedding gleich zwei Gaststätten, die nach dem großen Mathematiker Leonhard Euler benannt sind, nämlich das Euler-Eck und den Euler-Treff. In der Charlottenburger Leibniz-Klause lassen sich bestimmt besonders gut tiefschürfende philosophische Gespräche führen.

Nicht vergessen sollte man in dieser Aufzählung eine kulinarische Erinnerung an den großen Universalgelehrten. Der leckere Leibniz-Choco-Keks wird nur im Berliner Bahlsen Werk produziert.

^ *Eine Eckkneipe im Weddinger Ortsteil Gesundbrunnen ist nach dem großen Mathematiker Leonhard Euler benannt.*

MATHEMATISCHE EXPONATE IM ÖF- FENTLICHEN RAUM

ALLEGORIEN AM ZEUGHAUS

Täglich strömen Menschen scharenweise an ihnen vorbei, ohne sie weiter zu beachten. Dabei würden die vier steinernen Figurengruppen vor dem Zeughaus Unter den Linden, die das Hauptportal des prachtvollen Barockbaus flankieren, durchaus mehr Aufmerksamkeit verdienen.

Das Arsenal wurde von 1695 bis 1706 unter der Leitung von insgesamt vier Architekten errichtet; der Innenausbau zog sich sogar bis 1729 hin. Es diente nicht nur als Waffendepot, sondern war mit seinen ausgestellten Trophäen und Kriegsbeuten zudem als Ruhmeshalle für siegreiche brandenburgisch-preußische Kriege gedacht. An diesem Anspruch mussten sich auch die bildhauerischen Arbeiten orientieren. Das Programm der Bauplastik wurde zunächst maßgeblich von Andreas Schlüter entwickelt, bis 1699 Jean de Bodt die Leitung für die künstlerische Gestaltung übernahm. Er holte 1700 den Bildhauer Guillaume Hulot, dem die vier Frauenfiguren am Hauptportal zugeschrieben werden, aus Paris nach Berlin. Man kann davon ausgehen, dass Hulot mit anderen Meistern und Werkstätten zusammenarbeitete. Aufgrund der starken Schäden, die die Bauplastik des Zeughauses durch den Zweiten Weltkrieg sowie Umwelteinflüsse genommen hat, wurden die meisten Originalskulpturen inzwischen durch Kopien ersetzt.

Hulots Figuren neben dem Haupteingang stellen Allegorien für vier mathematische Teilgebiete dar. Anhand ihrer Attribute – Kurbel, Winkelmesser, Rechenbrett, Rakete (von links nach rechts)– kann man erkennen, dass sie (in der gleichen Reihenfolge) die Mechanik, Geometrie, Arithmetik und Ballistik repräsen-

< Das Hauptgebäude des »Deutschen Historischen Museums« Unter den Linden ist um 1700 als Zeughaus errichtet worden.

tieren. Die Skulpturen stehen also sowohl für die Reine als auch für die Angewandte Mathematik. Betrachtet man die Kunstwerke von Nahem, lassen sich weitere Einzelheiten erkennen.

Die zur Allegorie »Geometrie« gehörige Putte präsentiert eine offene Schriftrolle mit geometrischen Zeichnungen. Auf dem obersten Bild ist ein rechtwinkliges Dreieck mit Quadraten über allen drei Seiten zu sehen. Diese Darstellung ist so bekannt, dass vermutlich jeder darin sofort den Satz des Pythagoras entdeckt. Auf der Zeichnung darunter kann man feststellen, dass jedes Dreieck einen Umkreis besitzt und dass sich drei gleichschenklige Dreiecke ergeben, wenn man die Ecken des Dreiecks mit dem Umkreismittelpunkt verbindet. Die Putte neben der Allegorie »Arithmetik« kniet auf einem Bücherstapel und unterstützt hilfsbereit das Festhalten des Rechenbretts. Auf der Tafel befinden sich Tabellen mit Zahlen, und es wird augenscheinlich gerade eine Multiplikation ausgeführt.

Die Aufstellung der mathematischen Allegorien an prominenter Stätte macht die militärische Bedeutung der Mathematik

^ *An prominenter Stelle Unter den Linden begegnet man geometrischen Figuren wie Kreisen, Dreiecken, Vierecken.*

deutlich. Offensichtlich lautet die Botschaft des Ensembles: Die mathematischen Wissenschaften sind kriegswichtig, sie dienen (in freier Übersetzung der lateinischen Inschrift über dem Portal) dem »gerechten Krieg« und dem »Schutz des Vaterlandes«. Diese Aussage trifft sicherlich nicht nur für die Zeit um 1700 zu, als das Zeughaus gebaut wurde, sondern ist durch die Jahrhunderte bis heute gültig geblieben.

^ *Das früher übliche Multiplizieren von Zahlen mit Hilfe eines Rechenbretts war eine zeitraubende Angelegenheit.*

PORTRÄTRELIEFS AM POSTFUHRAMT

Das Postfuhramt in der Spandauer Vorstadt in Mitte war einmal das aufwändigste Postgebäude Berlins und ist immer noch eines der prächtigsten Backsteinbauwerke der Stadt. Errichtet wurde es in den Jahren 1875 bis 1881 nach einem Entwurf des Architekten Carl Schwatlo. Zwei reich mit Terrakotta-Schmuck überzogene Flügelbauten ziehen sich vom markanten Eckbau aus an der Oranienburger und der Tucholskystraße entlang.

Besonders auffallend sind die ursprünglich 26, heute nur noch 25 Porträt-Medaillons zwischen den Rundbögen der Fenster im Erdgeschoss. Sie stellen Persönlichkeiten dar, die von der Antike bis zum 19. Jahrhundert als Erfinder, Wissenschaftler oder Politiker einen Beitrag zur Verbesserung der Nachrichtenübermittlung geleistet haben. Unter diesen verdienstvollen Männern sind auch zwei Mathematiker, nämlich Nikolaus Kopernikus und Carl Friedrich Gauß, der ab 1833 zusammen mit Wilhelm Eduard Weber den ersten elektromagnetischen Telegraphen betrieb. Die Anordnung erfolgte chronologisch von links nach rechts. Dabei befindet sich Kopernikus an der Oranienburger Straße an achter Position, Gauß an der Tucholskystraße an sechzehnter Stelle.

Das Postfuhramt in Mitte zeigt außen bedeutende Mathematiker, wie Carl Friedrich Gauß. ^

MOSAIK AM HAUS DES LEHRERS

Das »Haus des Lehrers« wurde von 1961 bis 1964 an der östlichen Seite des Alexanderplatzes als erstes Hochhaus errichtet und leitete damit die Neugestaltung dieses Ortes ein. Etwa an der gleichen Stelle hatte sich ab 1908 das kaiserliche Lehrervereinshaus befunden, das im Zweiten Weltkrieg zerstört und später abgetragen wurde. Das Haus des Lehrers diente als Weiterbildungsstätte und Freizeiteinrichtung für Pädagogen. Allein die prominente Lage an der Schnittstelle zwischen der eher klassischen ehemaligen Stalinallee und dem sich entwickelnden modernen Büro- und Geschäftszentrum in Ostberlin machte das Gebäude von Anfang an zu etwas Besonderem. Darüber hinaus wurde das Haus mit den revolutionären Glasfassaden von einem der bedeutendsten Architekten der DDR, Hermann Henselmann (1905-1995), entworfen, als dessen Glanzstück es gilt. Das zwischen 2002 und 2004 umfassend renovierte denkmalgeschützte Bauwerk wird nunmehr als reguläres Bürogebäude genutzt. Trotz zahlreicher Um- und Neubaumaßnahmen rund um den Alexanderplatz in den letzten Jahren wirkt es immer noch wie ein außergewöhnlicher Solitär.

Das markanteste Erkennungszeichen am Haus des Lehrers ist bis heute der von den Berlinern liebevoll »Bauchbinde« genannte umlaufende Fries, der ebenfalls komplett restauriert wurde. Die Gestaltung des fröhlich bunten Mosaiks, das bewusst als Kontrapunkt zu der strengen Architektur gedacht war, wurde von Walter Womacka (!925-2010) übernommen. Der zu den bedeutendsten Künstlern der DDR zählende Womacka schuf ein Panorama von Alltagsszenen, die das glückliche Leben in der

DDR illustrierten und direkt aus einer Schulfibel der damaligen Zeit entsprungen sein könnten.

Ein Bild an der am meisten beachteten nordwestlichen Seite, die direkt auf den Alexanderplatz weist, stellt eine Schulsituation dar und bezieht sich damit direkt auf den ursprünglichen Zweck des Gebäudes. An der Tafel prangt der Satz des Pythagoras, mit drei Quadraten über den Seiten eines rechtwinkligen Dreiecks sowie der zugehörigen Formel $a^2+b^2=c^2$, die jedem älteren Schulkind geläufig ist.

Die Mathematik gehörte in der DDR zu den Schulfächern, auf die man besonders großen Wert legte, was zum Teil bis in die heutige Zeit wirkt. So stellt zum Beispiel das mathematisch-naturwissenschaftlich orientierte Heinrich-Hertz-Gymnasium in Friedrichshain bei (lokalen, nationalen und internationalen) Mathematik-Wettbewerben stets eine auffallend hohe Zahl von Siegern. Ein Schüler dieses Gymnasiums hat dreimal hintereinander bei der internationalen Mathematikolympiade eine Goldmedaille gewonnen.

^ *Die Bauchbinde am ehemaligen »Haus des Lehrers« veranschaulicht weithin sichtbar den Spaß am Mathematikunterricht.*

DENKMAL FÜR ARCHIMEDES

Im Außenbereich der Archenhold-Sternwarte im Treptower Park befindet sich unmittelbar neben den beiden Observatorien ein Denkmal für Archimedes, der nicht nur als der bedeutendste Mathematiker der Antike, sondern auch als einer der größten Wissenschaftler aller Zeiten gilt. Dargestellt ist ein bärtiger alter Mann, bekleidet mit einer bis zu den Knöcheln reichenden Toga. Auf dem Boden hockend stützt er sich auf seine linke Hand, während er mit der rechten Hand einen Stift hält und zeichnet. Offenbar ist die legendäre Todesszene dargestellt. Nachdem die Römer Syrakus erobert hatten, trafen sie auf Archimedes, der gerade geometrische Figuren im Sand entwarf. »Störe meine Kreise nicht!« soll er einem aufdringlichen Soldaten zugerufen haben, woraufhin dieser den Gelehrten erschlug. Der Bildhauer Gerhard Thieme (geboren 1928), von dem zahlreiche weitere Kunstwerke in Berlin existieren, gestaltete 1972 diese Bronzefigur.

Die 1896 gegründete und damit älteste Volkssternwarte Deutschlands besitzt neben einer hervorragenden Sammlung astronomischer Geräte weitere Skulpturen, die Mathematiker darstellen. Im Hauptgebäude befinden sich die Büsten von Nikolaus Kopernikus und Galileo Galilei.

^ *Archimedes meinte: »Es gibt Dinge, die den meisten Menschen unglaublich erscheinen, die nicht Mathematik studiert haben.«*

GALILEO-SKULPTUR

Die Skulptur »Galileo« von Mark di Suvero erhebt sich am Potsdamer Platz freistehend und unnahbar aus einer großen künstlichen Wasserfläche und entfaltet ihre Kraft und Dynamik im Wechselspiel mit den sie umgebenden Gebäuden. Rostige Stahlträger wachsen aus vier unregelmäßig verteilten Granitsockeln empor, scheinen sich in der Mitte zu einem kugelförmigen Knoten zu verschlingen und zucken dann wie Blitze in den Himmel hinauf. Das Kunstwerk lässt sich als abstraktes Denkmal des italienischen Mathematikers und Naturwissenschaftlers Galileo Galilei selber deuten oder auch als eine Verkörperung seiner Forschungen zur Schwerkraft und zur Bewegung von Himmelskörpern interpretieren.

Der Künstler Mark di Suvero wurde 1933 in Shanghai, China geboren und lebt und arbeitet heute in den USA und in Frankreich.

Die Skulptur gehört zur Kunstsammlung der Daimler AG, die ebenfalls mathematisch inspirierte Bilder von Hanne Darboven umfasst.

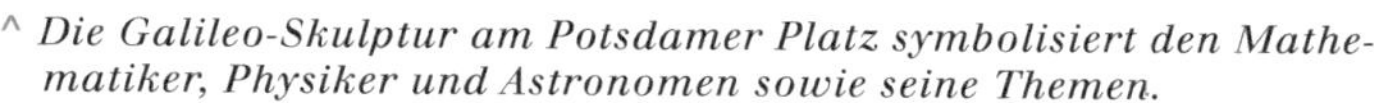

^ *Die Galileo-Skulptur am Potsdamer Platz symbolisiert den Mathematiker, Physiker und Astronomen sowie seine Themen.*

DIE MENGENLEHRE-UHR

Um die Zeit an dieser ungewöhnlichen Uhr abzulesen, benötigt man nur einfache Rechenkenntnisse, aber viel Ausdauer und vor allem eine Gebrauchsanweisung. Erfunden wurde diese so genannte Mengenlehre-Uhr von dem gelernten Uhrmacher und Ingenieur Dieter Binninger. Aufgestellt wurde sie am 17. Juni 1975 auf dem Mittelstreifen des Kurfürstendamms in Höhe der Uhlandstraße.

Die Uhr schaffte es bald in das Guinness-Buch der Rekorde als »erste Uhr der Welt, die die Zeit mit leuchtenden farbigen Feldern anzeigt«. Sie wurde auch schnell eine Touristenattraktion. Nur die Berliner selbst konnten mit diesem merkwürdigen Ding nichts anfangen. Als sich zeigte, dass die Uhr sehr kosten- und wartungsintensiv war, wurde sie 1995 außer Betrieb genommen. Weder die Stadt Berlin noch der Bezirk Charlottenburg wollten weiter dafür aufkommen. Einer Initiative von Geschäftsleuten des Europa-Centers ist es zu verdanken, dass die Uhr 1996 einen Platz vor dem Eingang an der Budapester Straße gefunden hat und heute noch existiert.

Von Anfang an konnte man ein kleines Tischmodell dieser Uhr für zu Hause in den Berliner Souvenirläden kaufen. Sogar Frankreichs Staatspräsident Giscard d'Estaing bekam bei seinem Berlin-Besuch 1979 eine solche Mini-Version geschenkt. Der Vertrieb wurde zwar 2002 eingestellt, aber seit Juli 2007 ist die Berlin-Uhr wieder auf dem Markt. Sie ist inzwischen mit neuester Technik versehen und wird komplett in Berlin montiert.

Aber wie funktioniert diese Uhr eigentlich? Die Zeit wird im 24-Stunden Format angezeigt und kann durch einfache Addi-

tion und Multiplikation der brennenden Leuchten ermittelt werden. Die obersten beiden Reihen zeigen Stunden an, wobei jede leuchtende Fläche der ersten Reihe für fünf Stunden steht, jede leuchtende Fläche darunter für eine Stunde. Die unteren beiden Reihen zeigen die Minuten an. Die elf kleineren Flächen zählen je fünf Minuten und die großen in der untersten Reihe je eine Minute. Um die Zeit zu bestimmen, rechnet man die erleuchtenden Felder von oben nach unten zusammen. Unerheblich für das Ablesen der Zeit ist die runde Leuchte ganz oben, sie blinkt einfach jede zweite Sekunde.

^ *Mit rot und gelb leuchtenden Flächen wird an dieser sogenannten Mengenlehre-Uhr die Zeit sichtbar gemacht.*

DER π-FRIES IN DAHLEM

Die Kreiszahl π ist vermutlich die faszinierendste Zahl der Welt. Deshalb ist es kein Wunder, dass die Mathematiker an der FU ihr Institutsgebäude mit dieser Zahl verziert haben. Die 314 (!) einzelnen Ziffern sind jedoch nicht ordentlich aufgereiht, sondern purzeln munter herum, wobei die Neigung jeder einzelnen Ziffer mit einem Zufallsgenerator ausgewählt wurde. Reflektierender Zufallsspaziergang nennt sich diese Methode. Dabei legte man durch Münzwurf fest, ob die jeweils folgende Ziffer gegenüber der vorhergehenden leicht nach rechts oder nach links geneigt werden sollte.

Von der Zahl π sind natürlich mehr Stellen als die hier aufgemalten bekannt. Supercomputer konnten bisher ungefähr 1,2 Billionen Stellen berechnen. Zum Ausdrucken dieser unvorstellbaren Ziffernfolge würde man sehr viel Platz brauchen. Angenommen es passen 80 Zeichen in eine Zeile, 50 Zeilen auf eine Seite und 400 Seiten in ein Buch, so würde diese π-Bibliothek 750 000 Bände umfassen.

In Pi-Fanclubs geht es darum, möglichst viele Nachkommastellen von π auswendig aufzählen zu können. Als Aufnahmebedingung in einen solchen Verein muss man ein paar Dutzend Stellen fehlerfrei vortragen können. Es existieren auch viele Merksätze, bei denen die Anzahl der Buchstaben jedes Wortes jeweils eine Stelle der Zahl anzeigt. Der bekannteste deutsche Merksatz beginnt mit: »Wie, o dies π macht ernstlich so vielen viele Müh.« Dem Zauber der Kreiszahl ist auch die britische Pop-Sängerin Kate Bush erlegen, die in ihrem Song »Pi« 120 Stellen rezitiert.

^ *Der π-Tag wird (wegen der amerikanischen Datumsschreibweise 3-14) alljährlich am 14. März begangen, exakt um 1.59.26 Uhr.*

WISSENSCHAFTSFENSTER IN MITTE

Wie Kirchenfenster wirken sie – diese bunten Glasscheiben im Foyer des Audimax der Humboldt-Universität. Vom Thema her geht es bei ihnen allerdings nicht um Verherrlichung im religiösen Sinne, sondern um eine Glorifizierung der Wissenschaft. Dargestellt werden in dieser Kathedrale der Gelehrsamkeit neben bedeutenden Professoren, die einst an der Universität gewirkt haben, weitere prominente Wissenschaftler. Zwei Fenstersegmente sind Mathematikern gewidmet. So sieht man hier Leibniz und Newton friedlich nebeneinander im Profil. Die beiden Gelehrten haben unabhängig voneinander und fast gleichzeitig die Differential- und Integralrechnung entwickelt, worüber es jedoch sowohl in ihrer eigenen Zeit als auch in späteren Jahrzehnten zu einem Prioritätenstreit kam. Auf einer weiteren Fläche ist Kopernikus abgebildet.

^ *In der DDR-Zeit wurde das Hauptgebäude der Berliner Linden-Universität mit bunten Glasfenstern verschönert.*

KRYPTOGRAPHIE IN ADLERSHOF

Gegenüber dem Mathematik- und Informatikgebäude der Humboldt-Universität in Adlershof befinden sich zwei rostige 3 mal 4 Meter große parallel zueinander aufgestellte Stahlplatten. Beide Tafeln weisen zahlreiche unterschiedlich gestaltete Durchbrüche auf, durch die man jeweils auf die andere Platte sowie auf die dahinter liegende Umgebung blicken kann. Auf den ersten Blick erschließt sich die Bedeutung dieser löchrigen Objekte nicht. Betrachtet man sie jedoch aus einer geeigneten Entfernung und aus einem bestimmten Blickwinkel, lassen sich drei Wörter entdecken: »Träumen«, »Gedanke« und Wussten Sie, dass Berlin bei der Plattenverschiebung von Baltica und Avalonia womöglich schon einmal geteilt war – vor etwa 500 Millionen Jahren? Wollen Sie wissen, ob man unter Berlin Erdgas finden könnte? Oder wenigstens Braunkohle? Oder aus welchen Natursteinen die Siegessäule, die Nikolaikirche, das Brandenburger Tor oder die „Schweinebäuche" auf den Berliner Gehwegen bestehen? All das bleibt kein Geheimnis, wenn Sie dieses grundlegende, extrem umfangreich illustrierte und witzig erzählte Buch für geologische Novizen gelesen haben.

Diese Kunstinstallation mit dem Titel »Versteckte Botschaften« macht auf die Kryptographie aufmerksam, ein Teilgebiet der Mathematik, das sich mit dem Verschlüsseln von Informationen beschäftigt. Der Künstler Nils-R. Schultze setzte hier als künstlerisches Verschlüsselungsverfahren die Perspektive ein. Bei der Verwendung von lediglich zwei Platten gelingt die Entschlüsselung der Botschaft dann leicht; man erkennt relativ schnell, welche Wörter gemeint sind und von welchem

Standort aus man sie gut sieht. Die wissenschaftliche Arbeit der Adlershofer Kryptographen dagegen gestaltet sich wesentlich komplizierter. Verschlüsselungen werden heute auf der Grundlage mathematischer Verfahren mit dem Computer auf Bit- und Byte-Ebene produziert, um Sicherheit bei der Datenübermittlung im Internet oder beim Mobilfunk optimal zu gewährleisten. Die künstlerische Botschaft bringt aber auf jeden Fall die der Kryptographie zugrunde liegende Idee auf den Punkt. Zudem dürften die drei versteckten Wörter für jeden Forscher in Adlershof relevant sein.

Das Kryptographie-Kunstwerk ist Teil des Projektes »Gedanken-Gang«, das Wissenschaft und Technik in Adlershof begreiflich machen und Verbindungen zwischen Forschung, Architektur, Wirtschaft und Kunst aufzeigen möchte. Ein informativer Kultur- und Techniklehrpfad veranschaulicht, was an Berlins

^ *Auf dem Campus Adlershof machen auffallende Kunstwerke auf die Bedeutung von Forschung und Technik aufmerksam.*

DER MATHEON-BUDDY-BÄR

Vor dem Mathematikgebäude der Technischen Universität Berlin markiert ein Buddy-Bär mit hoch erhobenen Armen das Portal zu exzellenter angewandter Mathematik. Der Bär trägt das Logo des DFG-Forschungszentrums Matheon – »Mathematik für Schlüsseltechnologien«. Dieser erste Wissenschafts-Bär brummt hier seit dem 11. Juni 2006, als er zur Eröffnung der Langen Nacht der Wissenschaften enthüllt wurde.

Die Gestaltung des Bären wurde von den Visualisierern des Matheon übernommen. Mit neuartigen mathematischen Methoden übertrug man ein Muster aus Kreisen und Matheon-Logos so auf den Bären, dass das ursprünglich ebene Muster bei der Abbildung auf den gekrümmten Bären möglichst wenig (und auf kontrollierte Weise) verzerrt wurde. Diese

^ *Der Buddy-Bär des DFG-Forschungszentrums Matheon symbolisiert erstklassige Mathematik made in Berlin.*

so genannten diskreten konformen Abbildungen spielen sowohl in der Reinen Mathematik als auch in der Computergraphik eine wichtige Rolle und wurden von Forschern der TU Berlin und des California Institute of Technology in Pasadena, USA entwickelt. Auf seiner rechten Tatze trägt der Bär das Matheon-Logo, das aus drei kongruenten Rechtecken zusammengesetzt ist, deren Seiten im Verhältnis des Goldenen Schnitts stehen. Die Rechtecke durchdringen sich paarweise senkrecht zueinander und haben einen gemeinsamen Mittelpunkt. Verbindet man die Ecken des Logos miteinander, erhält man ein Ikosaeder. (Ein Ikosaeder besteht aus 20 gleichseitigen Dreiecken und ist einer der fünf platonischen Körper.) Die künstlerische Bearbeitung des zwei Meter hohen Bärenmodells erfolgte durch den Kunstmaler und Designer Andrej Bitter, der eine langjährige Erfahrung in der Gestaltung von Buddy-Bären besitzt.

^ *Es gibt mindestens einen Berliner Mathematiker, der seinen Garten mit einem selbst gebastelten Ikosaeder schmückt.*

DIE »6«-EN

Unter Berlins Graffiti-Künstlern gibt es auch einen offenbar mathematisch inspirierten, der die Stadt mit großen weißen Sechsen überzieht. Diese geheimnisvollen Sechsen sind seit Mitte der 1990er Jahre überall im Zentrum zu finden, an Bretterverschlägen, Scheiben leerer Ladenlokale, Hauseingängen, Mülleimern, Pflastersteinen, Zäunen oder Verteilerkästen. Der Sechsenmaler fährt mit seinem Fahrrad durch die Stadt, hält dabei einen langen Pinsel in einer Hand und bringt die Zahlen blitzartig mit weißer Wandfarbe auf die passenden Stellen. Prädestiniert für seine Straßenkunst sind offenbar Orte mit marodem Charme, die gewisse Mängel aufweisen.

Dass es ausgerechnet die Zahl 6 sein muss, lässt sich leicht erklären. Erstens liegt es an der gleichartigen Aussprache von 6 und Sex. Zweitens ist die Zahl 6 eine vollkommene Zahl. Bei vollkommenen Zahlen ergibt die Summe ihrer positiven echten Teiler die Zahl selber. Die 6 hat die Teiler 1, 2 und 3, und es ist 1+2+3=6. Die Zahl 6 ist außerdem die kleinste vollkommene Zahl. Der heilige Augustinus vertrat die Ansicht, dass Gott die Welt in sechs Tagen schuf, weil diese Zahl die Vollkommenheit symbolisiert.

^ *Eine beschädigte Ecke des Sockels des ehemaligen Kaiser-Wilhelm-Denkmals auf der Schlossfreiheit wurde akzentuiert.*

ARC 124,5°

Auf dem überbreiten Mittelstreifen der innerstädtischen Nord-Süd-Verkehrsachse An der Urania schwingt sich ein überdimensionaler Metallbogen in die Lüfte. Der Titel der Skulptur entspricht genau der geometrischen Form, nämlich einem Kreissegment von 124,5°. Aufgestellt worden ist dieses Kunstwerk von Bernar Venet anlässlich der 750-Jahr-Feier Berlins im Jahr 1987 als Geburtstagsgeschenk Frankreichs an die Stadt. Der für diesen Standort geschaffene Bogen sollte in der damals noch geteilten Stadt die besonderen Verbindungen zwischen Frankreich und Westberlin symbolisieren. Der Bildhauer Bernar Venet wurde 1941 in Südfrankreich geboren und begann mit 20 Jahren künstlerisch zu arbeiten. In den 1970er Jahren legte er eine kreative Pause von fünf Jahren ein, in denen er sich mit mathematischen und physikalischen Fragen beschäftigte. Diese Themen flossen später in die Gestaltung seiner Stahlskulpturen ein, die sich mit den Phänomenen Zeit, Raum und Bewegung auseinandersetzen.

^ *Bei diesem Bogen handelt es sich um das vielleicht am stärksten verkehrsumtoste Kunstwerk in der Stadt.*

MATHEMATISCHE EXPONATE IN KUNST-SAMMLUNGEN

KUPFERSTICHKABINETT

Zum Sammlungsbestand des Kupferstichkabinetts im Kulturforum gehört auch ein Abzug des Kupferstichs »Melencolia I« von Albrecht Dürer aus dem Jahr 1514. Das Bild, das zu den drei Meisterstichen Dürers zählt, gilt als sein rätselhaftestes Werk. Zentrale Figur ist eine trübsinnig blickende, hockende Frauengestalt mit Flügeln, die sowohl als Allegorie der Melancholie als auch als Sinnbild des künstlerischen Genies gedeutet wird. Was das Bild für die Mathematik interessant macht, sind die mathematischen Objekte, die Dürer hier untergebracht hat.

Die Protagonistin hält einen aufgeklappten Zirkel in ihrer rechten Hand, zu ihren Füßen liegt ein Richtscheit. Man erkennt auf dem Boden direkt vor ihr eine Kugel und darüber ein riesiges zwölfeckiges Polyeder, dessen Seitenflächen zwei reguläre Dreiecke und sechs nicht-reguläre Fünfecke sind. Diese vier Gegenstände im Gesichtskreis der Figur lassen sich der Geometrie zuordnen und stellen eine Verbindung her zu den ebenfalls abgebildeten handwerklichen Geräten (u. a. Hebel, Zange), deren Nutzer geometrische Kenntnisse benötigen. Im Rücken der Figur dagegen geht es um Zahlen und Zeitmessung. Dort ist ein magisches Zahlenquadrat in die Wand graviert, bei dem die Summe jeder Zeile, Spalte und Diagonale 34 ergibt. Außerdem ist die Summe der vier Eckfelder und der vier Zentrumsfelder 34. Als Besonderheit enthalten die beiden mittleren Kästchen der unteren Reihe das Entstehungsjahr 1514 des Kunstwerks, während die beiden äußeren mit den Ziffern 4 und 1 die Initialen A (1. Buchstabe) D (4. Buchstabe) des Künstlers repräsentieren.

< *Albrecht Dürer, der den Kupferstich Melencolia I geschaffen hat, war nicht nur Maler, sondern auch Mathematiker.*

DEUTSCHES HISTORISCHES MUSEUM

Das Deutsche Historische Museum im Zeughaus Unter den Linden beherbergt eine Fülle von mathematischen Exponaten. Ausgestellt sind z. B. Rechentafeln und Rechenpfennige, wie sie noch vor wenigen Jahrhunderten von Kaufleuten oder Steuereinnehmern verwendet wurden. Erst im 17. Jahrhundert setzten sich in Deutschland endgültig die arabischen Ziffern mit der Null durch, die moderne schriftliche Rechenmethoden ermöglichten. Der berühmte deutsche Rechenmeister Adam Ries oder Riese (1492-1559) verfasste zahlreiche Bücher, in denen er das Rechnen auf den Linien eines Rechenbrettes beschrieb oder Tabellen für die Berechnung alltäglicher Preise veröffentlichte, aber auch für Lehrlinge kaufmännischer Berufe das Rechnen mit den modernen arabischen Ziffern erklärte.

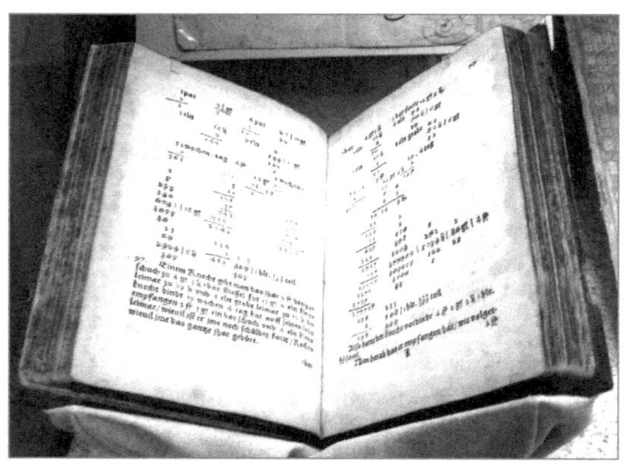

Weiterhin sind in dem Museum Kupferstiche, die Mathematiker darstellen (Leibniz, Maupertuis, Euler) sowie mathematische Bücher zu besichtigen.

^ *Das unter dem Kurztitel »Practica« bekannte Buch von Adam Ries wurde 1550 in Leipzig herausgegeben.*

ALTE NATIONALGALERIE

Im Treppenhaus der Alten Nationalgalerie auf der Museumsinsel gibt es einen umlaufenden Skulpturenfries, der vom Bildhauer Otto Geyer (1843-1914) zwischen 1870 und 1875 gestaltet wurde. Chronologisch von den Anfängen bis zur damaligen Gegenwart werden die großen Kulturleistungen der Deutschen in sämtlichen Künsten, Wissenschaften und in der Politik veranschaulicht. Unter den namhaften deutschen Persönlichkeiten kommen auch fünf Mathematiker vor. Die Hauptwand im Westen ist der Renaissance vorbehalten. Hier sind Nikolaus Kopernikus, Johannes Kepler und Albrecht Dürer dargestellt. Auf der folgenden Wand geht es in das 18. Jahrhundert über. Das erste Ereignis, das dort ganz links veranschaulicht wird, ist die Gründung der Akademie der Wissenschaften. Die Kurfürstin Sophie Charlotte ist hier als eine der wenigen Frauenfiguren in diesem Fries zwischen ihrem Gemahl Friedrich III. und Leibniz dargestellt. Der Kurfürst überreicht Leibniz gerade die Gründungsurkunde der Akademie. Obwohl Sophie Charlotte einen großen Einfluss auf die Akademiegründung hatte, tritt sie hier hinter ihrem Mann zurück, der bereits als gekrönter König abgebildet ist, obwohl er im Jahr 1700 nur Kurfürst von Brandenburg war. Die letzte Darstellung ganz rechts an derselben Wand zeigt Carl Friedrich Gauß in einer Gruppe mit König Friedrich Wilhelm III. und Königin Luise.

Im Gemälde »Flötenkonzert« des Malers Adolph Menzel (1815-1905) aus dem Jahr 1852, das im Raum 1.05 ausgestellt ist, steht zwar König Friedrich der Große als Solist im Zentrum des Geschehens, im Publikum befindet sich aber auch ein Mathematiker. Der Akademiepräsident Pierre Louis de Maupertuis steht als dritter von links in der männlichen Zuschauergruppe und blickt zur Decke hinauf, sei es aus Desinteresse oder um der Konzentration willen. Der geniale, aber biedere Euler dagegen wurde nie zu einem gesellschaftlichen Ereignis am Hof eingeladen.

^ *Der bedeutendste deutsche Mathematiker C. F. Gauß darf in einer nationalen Galerie herausragender Personen natürlich nicht fehlen.*

MUSEUMS-INSEL

In drei weiteren Museen auf der Museumsinsel gibt es mathematische Exponate. So kann man im Vorderasiatischen Museum im südlichen Flügel des Pergamonmuseums in Saal 5 eine Vitrine mit statistischen Daten auf Tontafeln entdecken. Zahlenwerte und zugehörige Waren wurden mit Hilfe eines piktografischen Systems gespeichert. Weitere Tontafeln enthalten Daten zur Feldvermessung.

Im Neuen Museum findet man in der ägyptischen Sammlung Handbücher, Tabellen und Schultexte mit mathematischem Inhalt. Wegen der Bedeutung der Landvermessung hatten sich in Ägypten Arithmetik und Geometrie stark entwickelt. Die Mathematik bildete auch die Grundlage für astronomische Berechnungen zur Bestimmung von Planetenstellungen und zur Erstellung von Horoskopen.

In der Abteilung für Vor- und Frühgeschichte im selben Museum ist der »Goldene Hut« ausgestellt, mit dessen Hilfe mathematisch-astronomische Umrechnungen zwischen Mond- und Sonnenkalender möglich sind.

Im Münzkabinett des Bodemuseums werden Sondermünzen mit Gottfried Wilhelm Leibniz aus den Jahren 1846 und 1966 sowie diverse Rechenpfennige präsentiert.

^ *Statistische Daten wurden in früheren Zeiten in Babylon auf Tontafeln festgehalten.*

GEMÄLDEGALERIE

Die Gemäldegalerie im Kulturforum in Berlin leistet ihren Beitrag zum Thema mit drei Bildern, die Mathematiker der Antike darstellen. Die Gemälde von zwei Künstlern der Neapolitanischen Schule mit den Protagonisten Pythagoras, Euklid und Archimedes sind in Saal XIII im Gebäudeteil der südalpinen Malerei aufgehängt. Im Einzelnen handelt es sich um die folgenden Gemälde:

Salvator Rosa (1615-1673), Pythagoras und die Fischer, 1662
Luca Giordano (1634-1705), Euklid, um 1650/53
Luca Giordano (1634-1705), Archimedes, um 1650/53

^ *Euklids (um 325 – um 265 v. Chr.) Hauptwerk, die »Elemente«, gilt als das einflussreichste mathematische Buch aller Zeiten.*

DEUTSCHES TECHNIKMUSEUM

Im Deutschen Technikmuseum Berlin haben fast alle Ausstellungsbereiche zumindest indirekt mit Mathematik zu tun, da sie eine unverzichtbare Grundlage der Technikwissenschaften ist. Besonders eng ist die Beziehung in der Computerabteilung, die dem Berliner Erfinder Konrad Zuse gewidmet ist. Zuse war schockiert über die stupiden Rechnungen, die er als Bauingenieur vornehmen musste, und hatte daher die Idee, das Rechnen durch eine vollautomatische Maschine ausführen zu lassen. Im Wohnzimmer seiner Eltern in der Methfesselstraße in Berlin-Kreuzberg konstruierte er von 1936 bis 1938 die erste programmgesteuerte (mechanisch arbeitende) Rechenmaschine, die Z1, deren Nachbau sich im Berliner Technikmuseum befindet. Durch die Verwendung des Gleitkommasystems konnte die Maschine mit sehr kleinen und sehr großen Zahlen rechnen. 1941 entstand das Gerät Z3, der erste voll funktionsfähige frei programmierbare (mit elektromagnetischen Relais arbeitende) Computer der Welt. Beide Rechner sowie die Konstruktionspläne gingen bei einem Bombenangriff 1943 verloren.

Das aus den Ziffern 0 und 1 bestehende binäre Zahlensystem, das den Zuse-Rechnern und auch allen modernen Computern zugrunde liegt, wurde bereits von Gottfried Wilhelm Leibniz entwickelt. Leibniz konstruierte außerdem eine Rechenmaschine für die vier Grundrechenarten. Eine Nachbildung davon wurde 1990 angefertigt; sie gehört zur Sammlung der BBAW.

^ *Unter der Leitung des Dresdener Professors N. J. Lehmann wurde 1990 die Rechenmaschine von G. W. Leibniz nachgebaut.*

SAMMLUNG DER AKADEMIE DER WISSENSCHAFTEN

Die Berlin-Brandenburgische Akademie der Wissenschaften hat einen reichhaltigen Sammlungsbestand. Dabei besteht der Kunstbesitz aus Gemälden, Grafiken und Plastiken, die durch Schenkung, testamentarische Verfügung oder Ankauf in den Besitz der Akademie gelangten. Zu den für die Mathematik interessanten Exponaten gehören unter anderem Gemälde von Leibniz, Maupertuis, Euler, Gauß, Weierstraß sowie Büsten von Leibniz, Alembert, Euler aus unterschiedlichen Entstehungszeiten. Das Archiv der BBAW verfügt über eine Datenbank, in der man sich elektronisch einen Überblick verschaffen kann.

Das Gemälde von Gauß ist das bekannteste seiner Porträts, das bereits vielen anderen Gauß-Darstellungen (u. a. Medaillen, Briefmarken, 10-DM-Banknote) als Vorlage diente. Das Original dieses Bildes wurde 1840 von dem dänischen Künstler Christian Albrecht Jensen (1792-1870) für das bei St. Petersburg liegende Observatorium Pulkovo gemalt, wo es sich heute noch befindet. Im selben Jahr kopierte der Maler selbst sein Gemälde für die drei Professoren B.J. Listing, W. Weber und W.S. von Waltershausen. Bei dem Gauß-Porträt der Akademie handelt es sich um die Kopie, die für den Gauß-Schüler Professor Listing angefertigt wurde. Die Nationalgalerie Berlin erwarb das Bild 1883 von Listings Witwe, 1888 wurde es der Preußischen Akademie der Wissenschaften geschenkt. Das Gemälde wurde zum ersten Mal 1945 und dann wieder 1988 restauriert.

Außer der Kunstsammlung besitzt die Akademie eine wissenschaftshistorische Gerätesammlung, zu der Maupertuis den Grundstein legte, als er im Jahre 1745 der Akademie den Qua-

dranten schenkte, mit dem er durch geodätische Messungen die Abplattung der Pole nachgewiesen hatte. Zu der Sammlung gehört auch die berühmte Akademieuhr, die ab 1787 über dem Hauptportal des alten Akademiegebäudes Unter den Linden angebracht war. Sie war bis 1872 die einzige Berliner Normaluhr, nach der sich die Passanten ihre Taschenuhren stellten, wie Heinrich Heine in seinen Berliner Briefen schrieb.

Mathematisch besonders bedeutend ist eine Leibniz-Rechenmaschine, die das Akademiemitglied Nikolaus Joachim Lehmann 1990 originalgetreu nachbaute.

^ *Das Porträt von Carl Friedrich Gauß gehört zu den wertvollsten Gelehrtengemälden der Akademie der Wissenschaften in Berlin.*

MATHEMATISCHES FEUILLETON

DAS BERLINER HAUSNUMMERN-SYSTEM

Bummelt man von der Kaiser-Wilhelm-Gedächtniskirche aus den Kurfürstendamm in Richtung Westen entlang und wirft dabei einen Blick auf die Hausnummern, so kann man eine echte Berliner Kuriosität entdecken. Auf der rechten Seite zählen die Hausnummern die Straße hinauf, am Rathenauplatz wechseln sie die Straßenseite und zählen links zum Ausgangspunkt zurück. Da dieses Hufeisensystem außerhalb der deutschen Hauptstadt eher selten vorkommt, wirkt es zunächst einmal auf jeden Touristen verwirrend. Mathematische Ästhetiker unter den Besuchern freuen sich dagegen, wenn sie erkennen, dass auf diese Weise die »Quersumme« der Hausnummern (quer über die Straße addiert) stets gleich bleibt. Eingeführt wurde das Prinzip vom preußischen König Friedrich Wilhelm III., der 1799 (als London und Paris längst durchnummeriert waren) seine Untertanen anwies, ihre Häuser auf diese Art und Weise entlang den Straßen zu kennzeichnen.

Um das Hausnummernsystem in Berlin noch komplizierter zu machen, existiert parallel dazu auch das Zickzack-Prinzip, bei dem die Hausnummern aufsteigend auf der linken Straßenseite ungerade und auf der rechten gerade sind. Dieses deutschlandweit gängige Schema wurde in Berlin in den 1920er Jahren eingeführt, ohne das alte aufzugeben. An der berühmtesten Straßenkreuzung in Mitte stoßen beide Systeme aufeinander: Die Friedrichstraße ist nach dem Hufeisenprinzip nummeriert, die Straße Unter den Linden nach dem Zickzackprinzip. Der Prachtboulevard Berlins ist zwar auch eine historische Straße, die Nummerierung wurde jedoch zu DDR-Zeiten geändert.

< *Addiert man die Hausnummern von zwei gegenüberliegenden Häusern am Kurfürstendamm, so erhält man stets ungefähr 250.*

STATISTIK AUS BERLIN

Da Staatsoberhäupter schon immer an Daten über ihre Bevölkerung interessiert waren, fanden die ersten statistischen Ermittlungen in Form von Volkszählungen bereits vor Tausenden von Jahren statt. Jeder weiß, warum Maria und Josef sich auf den Weg nach Bethlehem machten. Im Deutschen Reich wurde das Erheben von Bevölkerungsdaten im Laufe des 16. bis 18. Jahrhunderts auf die Kirchen übertragen. So machte der Große Kurfürst das Führen von Kirchenbüchern mit Geburts-, Heirats- und Sterberegistern in Berlin und der Mark Brandenburg 1673 per Gesetz verbindlich. Er schuf damit die wichtigste Grundlage für die Erstellung von Bevölkerungsstatistiken, und es ist deshalb auch nicht erstaunlich, dass die ersten Personen, die die gesammelten Daten auswerteten, Geistliche waren.

Der Berliner Theologe Johann Peter Süßmilch (1707-1767) entdeckte beim Studium von Kirchenregistern Regelmäßigkeiten bei der Entwicklung der Bevölkerung. Ihm fiel unter anderem auf, dass das Verhältnis von neugeborenen Jungen zu Mädchen stets 106 zu 100 betrug. Da er die Erscheinungen auf das Wirken Gottes zurückführte, nannte er seine erste und wohl auch bekannteste Veröffentlichung zu dem Thema: »Die Göttliche Ordnung in den Verhältnissen des menschlichen Geschlechts, aus der Geburt, dem Tode und der Fortpflanzung desselben erwiesen«. Sein 1741 erschienenes Werk gilt heute als erstes Statistik-Buch Deutschlands. Damals sprach man jedoch noch von »politischer Arithmetik«, der Begriff Statistik wurde erst später geläufig.

Der im Jahr 1707 in Zehlendorf (damals noch ein Dorf bei Berlin) geborene Süßmilch studierte Medizin, Rechtswissenschaften und Theologie in Halle und Jena. Nachdem er zunächst als Hauslehrer beschäftigt war, wirkte er ab 1735 als Feldprediger in der Garnison Berlin sowie ab 1741 als Gemeindepfarrer von Etzin (Brandenburg). 1742 trat er das Amt des Propstes an der St.-Petri-Kirche in Berlin-Cölln an. Der Universalgelehrte wurde 1745 in die Königliche Akademie der Wissenschaften berufen und unterstützte später die Aufnahme Lessings in diese Akademie. Gemeinsam mit seinem Akademiekollegen Leonhard Euler stellte er Berechnungen zur Bevölkerungsentwicklung an. Er setzte sich für die Förderung des Schulwesens ein, führte die Schnellpost (Journaliere) nach Potsdam ein und unterstützte die Pockenschutzimpfungen. Der Vater der deutschen Statistik wohnte im so genannten Galgenhaus in der Brüderstraße 10, wo er 1767 verstarb. Er wurde in der Petri-Kirche nahe der Kanzel beigesetzt. Süßmilchs Werke wurden in viele Sprachen übersetzt und sind den Bevölkerungswissenschaftlern aus aller Welt immer noch bekannt.

Berlin hat übrigens auch das älteste Städtestatistische Amt in Deutschland, das 1852 als königliche Institution eingerichtet und 1862 in ein Magistratsamt umgewandelt wurde. Das heutige Statistische Landesamt Berlin führt seine Tradition auf die 1862 eingerichtete Behörde zurück.

^ *Johann Peter Süßmilch, Propst an der St.-Petri-Kirche in Berlin-Cölln, gilt als der Vater der deutschen Statistik und Demografie.*

MATHEMATISCHE ZEITSCHRIFTEN AUS BERLIN

Die ersten wissenschaftlichen Zeitschriften, die auch mathematische Artikel enthielten, erschienen Ende des 17. Jahrhunderts in Paris und London, aber erst ab Anfang des 19. Jahrhunderts gab es die ersten Zeitschriften, die nur Artikel über Mathematik enthielten. Die erste dieser Zeitschriften in Deutschland war das 1826 in Berlin von August Crelle gegründete »Journal für die Reine und Angewandte Mathematik«, das heute noch besteht und meistens kurz »Crelles Journal« genannt wird. Mit dem Titel verband sich die Absicht, die Mathematik in ihrer Gesamtheit darzustellen. Das Journal wurde aber von Anfang an von der Reinen Mathematik dominiert. Kritiker machten deshalb ihre Witze darüber mit dem Wortspiel, dass die Zeitschrift eigentlich »Journal für die Reine, Unangewandte Mathematik« heißen sollte. Erst die von dem Berliner Mathematiker Richard von Mises 1921 gegründete »Zeitschrift für Angewandte Mathematik und Mechanik«, die ebenfalls noch heute erscheint, brachte Artikel über die gesamte Bandbreite der Angewandten Mathematik.

Berlin war darüber hinaus auch die Geburtsstätte der ersten systematischen Referate-Zeitschrift für Mathematik weltweit. Die Anzahl der mathematischen und naturwissenschaftlichen Publikationen war seit der Mitte des 19. Jahrhunderts so stark angestiegen, dass es für die Wissenschaftler immer zeitaufwändiger wurde, alle neu erschienenen Artikel und Bücher aus ihrem Forschungsgebiet zu finden und zu lesen. Referate-Zeitschriften sollten eine zusammenfassende Information bieten und nur bibliographische Angaben und Berichte über neu erschienene Literatur enthalten. Die zwei Berliner Mathematiker Carl Orthmann und Felix Müller gründeten daher 1869, angeregt durch eine entsprechende Zeitschrift für die Physik, das »Jahrbuch über die Fortschritte der Mathematik«, das jahrzehntelang auch international eine Monopolstellung im Referatewesen innehatte. Der Verleger war Georg Reimer, dessen Verlag 1922 von der Walter de Gruyter Gruppe übernommen wurde. Die beiden Herausgeber waren Gymnasiallehrer in Berlin, die von den Professoren Weierstraß, Kronecker, Borchardt und anderen unterstützt wurden.

Das Prinzip des Journals, alle Artikel aus einem Jahr zu sammeln und dann erst in einem Band herauszugeben, führte immer wieder zu beträchtlichen zeitlichen Verzögerungen. So erschien auch der erste Band mit fast 900 Artikeln, die überwiegend von bedeutenden aktiven Mathematik-Forschern geschrieben wurden, erst im Jahr 1871. Die Artikel waren nach mathematischen Gebieten in Abschnitte sortiert, die stets an die Entwicklung des Faches angepasst wurden und später als Grundlage für eine Mathematik-Klassifikation dienten, die heute Mathematical Subject Classification heißt (gegenwärtig MSC 2010).

Mit der immens wachsenden Zahl mathematischer Arbeiten in den 1920er Jahren geriet die Herausgabe des Jahrbuchs in immer stärkeren Verzug. So erschien der Band mit der Literatur des Jahres 1925 erst 1932. Deshalb gründeten zwei Göttinger Mathematiker gemeinsam mit dem Berliner Ferdinand-Springer-Verlag 1931 das »Zentralblatt für Mathematik und ihre Grenzgebiete«, eine Referate-Zeitschrift, die mehrmals im Jahr mit aktuellen Artikeln erschien. Einer der Gründer des Zentralblatts, Otto Neugebauer, emigrierte 1933 aus politischen Gründen über Kopenhagen in die USA, wo er 1940 die ebenfalls noch heute existierenden »Mathematical Reviews« als Konkurrenzunternehmen gründete. Offenbar nahmen die Nationalsozialisten keinen Einfluss auf die Referate, da bis in den Zweiten Weltkrieg hinein auch Arbeiten von verfolgten Autoren besprochen wurden.

Während das Jahrbuch 1942 zum letzten Mal erschien, wurde das Zentralblatt nach dem Krieg in Kooperation mit dem Springer-Verlag ab 1947 an der Deutschen Akademie der Wissenschaften in Ost-Berlin weitergeführt. Schriftleiter wurde Hermann Ludwig Schmid, Mathematikprofessor an der Linden-Universität, der bereits ab 1938 einer der Herausgeber des

Zentralblatts war. Die Mitarbeiter blieben in Berlin, als Schmid 1953 nach Würzburg berufen wurde. Nach seinem Tod 1956 übernahm Erika Pannwitz, die bereits in den 1930er Jahren Mitherausgeberin des Jahrbuchs war, die Schriftleitung.

Der Bau der Berliner Mauer machte es notwendig, die Redaktion in einen Ost- und einen West-Berliner Teil zu gliedern, wobei die Heidelberger Akademie der Wissenschaften für die West-Berliner Redaktion, die bis 1969 von Erika Pannwitz geleitet wurde, zuständig war. Druck und Vertrieb lagen immer noch beim Springer-Verlag. Trotz schwieriger politischer Verhältnisse dauerte diese deutsch-deutsche Kooperation bis 1977, als die Zusammenarbeit von DDR-Seite aufgekündigt wurde. Die West-Berliner Redaktion erhielt anschließend höhere finanzielle Zuwendungen, um die Bearbeitung der anfallenden Literatur alleine erledigen zu können, und wurde 1979 in das Fachinformationszentrum (FIZ) Karlsruhe eingegliedert, blieb jedoch in Berlin.

Nach der Entwicklung von elektronischen Datenbanken und des Internets in den 1980er Jahren ging man mit dem digitalen Zentralblatt MATH dazu über, die aktuellen Daten sofort weltweit auch elektronisch zugänglich zu machen. Die heutige Flut von etwa 100 000 mathematischen Dokumenten pro Jahr lässt sich nur noch elektronisch bearbeiten. Seit den 1980er Jahren versuchte man mehrmals, das Zentralblatt und die Mathematical Reviews zu fusionieren, was jedoch am Dominanzanspruch der Amerikaner scheiterte. Stattdessen kam es zu einer europäischen Kooperation, die inzwischen einige EU-Länder umfasst.

Im Rahmen des ERAM-Projekts (Electronic Research Archive for Mathematics), das von der Deutschen Forschungsgemeinschaft finanziert und unter anderem von der TU Berlin und dem FIZ Karlsruhe getragen wird, wurden alle Bände des Jahrbuchs der Mathematik (1868-1942) elektronisch aufgenommen. Die Daten stehen kostenlos im Internet zur Verfügung.

REVOLUTIONÄRE MATHEMATIKER

Die Märzrevolution von 1848 spielt in Berlin eine besondere Rolle; es gibt mehrere Gedenktafeln und sogar zwei Plätze in Berlin, die an diese Ereignisse erinnern. Daher ist es vielleicht interessant zu erfahren, wie revolutionär die Berliner Mathematiker 1848 waren.

Die Intellektuellen der damaligen Zeit standen generell den aufkommenden demokratischen Ideen positiv gegenüber. Da haben die Mathematiker keine Ausnahme gemacht. Johann Peter Gustav Lejeune Dirichlets Spruch, dass ein Mathematiker nur Demokrat sein könne, bekundet demonstrativ die freie Gesinnung eines gesamten Berufsstandes. Von einigen Mathematikern ist sogar konkret bekannt, wie sie sich in die Ereignisse des Jahres 1848 eingebracht und teilweise für ihre freiheitlichen Anschauungen gelitten haben.

Karl Weierstraß war damals noch nicht in Berlin, sondern Lehrer in Deutsch-Krone und musste nebenbei den belletristischen Teil des Lokalblättchens zensieren. Es soll ihm ein besonderes Vergnügen bereitet haben, Freiheitslieder von Georg Herwegh ungeprüft durchgehen zu lassen. Ernst Eduard Kummer hatte in jener Zeit eine Professorenstelle in Breslau inne und versuchte nebenbei als Volksredner auf Wahlversammlungen, die Arbeiter über ihre Rechte aufzuklären.

Jakob Steiner wurde wegen seiner freien Äußerungen als möglicher Verdächtiger in das »Schwarze Buch« der politischen Polizei eingetragen. Da er am 18. März geboren war, stand jede seiner Geburtstagsfeiern nach 1848 als mögliche verkappte Demonstration unter besonderer Beobachtung.

Am schlimmsten traf es Gotthold Eisenstein. Nach seinen eigenen Angaben hatte er sich während der Tumulte in der Nacht vom 18. auf den 19. März in ein Haus Friedrichstraße Ecke Krausenstraße geflüchtet. Da aus diesem Haus Schüsse abgegeben wurden, nahmen die daraufhin eindringenden Soldaten alle Personen fest, um sie zunächst zu einem Sammelplatz zu bringen. Unterwegs wurde Eisenstein von einem Soldaten regelrecht niedergeprügelt, so dass er sich nur noch kriechend weiterbewegen konnte. Der ohnehin kranke Eisenstein wurde dann durch das Brandenburger Tor über Charlottenburg nach Spandau getrieben, wobei alle Gefangenen auf dem Weg ständig beschimpft, bespuckt und getreten wurden. Aufgrund dieser Festnahme sowie der gelegentlichen Teilnahme an politischen Veranstaltungen wurde sein Gehalt drastisch gekürzt, bis Alexander von Humboldt sich wieder einmal für ihn einsetzte und zumindest eine teilweise erneute Erhöhung erreichte.

Carl Gustav Jacob Jacobi hatte zwar kein derartig traumatisches Erlebnis, sein Fall erregte jedoch das größte öffentliche Aufsehen. Er war der Meinung, dass man sich in einer politisch schwierigen Zeit auch persönlich einbringen müsse, ließ sich als Wahlkandidat aufstellen und hielt eindrucksvolle Wahlkampfreden. Die politische Polizei stufte ihn daraufhin als gefährliches Subjekt ein. Wie bereits in dem biografischen Teil dargestellt, führten seine Aktionen bei ihm zu hohen finanziellen Einbußen, die nur teilweise mit Alexander von Humboldts Hilfe rückgängig gemacht werden konnten.

Martin Ohm brachte es politisch am weitesten. Er war von 1849 bis 1852 Mitglied des Preußischen Abgeordnetenhauses.

^ *Auch die Berliner Mathematiker setzten sich im März 1848 für die Durchsetzung demokratischer Ziele ein.*

FRAUEN UND DIE MATHEMATIK

Aber wie kommt man als Frauenzimmer zur Mathematik?« So beginnen die Memoiren von Helene Braun (1914-1986), die 1941 an der Universität Göttingen die venia legendi für Mathematik erhielt. Bei den Mathematik-Professuren an deutschen Universitäten ist der Frauenanteil auch heute noch sehr gering. Er beträgt derzeit weniger als fünf Prozent, im Durchschnitt aller Fächer ist er zwar ebenfalls niedrig, liegt aber immerhin bei 12 Prozent.

Frauen mussten lange kämpfen, bis ihnen überhaupt eine akademische Ausbildung zugebilligt wurde. Eine Ausnahmeerscheinung war Dorothea Erxleben, die 1754 aufgrund einer Sondergenehmigung Friedrichs II. als erste deutsche Frau in Halle/Saale in Medizin promovieren durfte. Sofja Kovalevskaja hatte im liberalen Baden bereits um 1870 als Gasthörerin an Vorlesungen teilnehmen dürfen, wohingegen ihr in Berlin der Zutritt zur Universität verweigert wurde, so dass ihr nur der Privatunterricht bei Karl Weierstraß blieb. Ihre Promotion erfolgte 1874 nicht in Berlin, sondern an der Universität in Göttingen.

In den 1890er Jahren zeigten die Kämpfe der Frauenverbände erste Erfolge. Es wurden Gymnasialkurse an den Mädchenschulen in Berlin eingerichtet, an denen die ersten Absolventinnen 1896 die Reifeprüfung ablegten. An der Berliner Universität durften Frauen seit dem Wintersemester 1895/96 Vorlesungen besuchen, wobei sie jedoch in jedem Semester Einzelanträge auf Gasthörerschaft beim Minister, beim Rektor und beim jeweiligen Dozenten stellen mussten. Obwohl sie keine Prüfungen ablegen und auch keine Abschlüsse erwerben durften, stieg die

Zahl der Gasthörerinnen schnell an. Offiziell immatrikulieren konnten sich Frauen an der Berliner Universität erst ab dem Wintersemester 1908/09. Preußen war damit das vorletzte Land im Deutschen Reich, das Frauen offiziellen Zugang zu den Universitäten verschaffte. In den 13 Jahren zwischen 1895 und 1908 durften Frauen mit Ausnahmeregelungen auch bereits promovieren. Dora Prölß war im Jahr 1922 die erste Frau, die in Berlin im Fach Mathematik eine Promotion abschloss. Sie war Schülerin von Issai Schur. Zwischen 1922 und 1945 promovierten nur neun Frauen an der Friedrich-Wilhelms-Universität im Fach Mathematik. Die Technische Hochschule zu Berlin durfte einen Doktorgrad in den allgemeinen Wissenschaften wie Mathematik erst ab dem Jahr 1924 verleihen. Von 1924 bis 1945 promovierten nur zwei Frauen in diesem Fach.

Als nach der Novemberrevolution 1918 das Beamtengesetz in Deutschland geändert wurde, erhielten auch Frauen das Habilitationsrecht an deutschen Universitäten. In der Zeit der Weimarer Republik gab es jedoch nur zwei Privatdozentinnen für Mathematik in Deutschland: Emmy Noether in Göttingen (1919) und Hilda Geiringer für angewandte Mathematik in Berlin (1927). Die erste Habilitation einer Frau in Mathematik an der Technischen Universität Berlin erfolgte 1987 in Didaktik der Mathematik. An der Humboldt-Universität wurde die erste Frau 1984 in Mathematik habilitiert und an der Freien Universität erst im Jahr 1995.

Die höchste Position, die Frauen an den preußischen Universitäten bis 1945 entsprechend der gesetzlichen Regelung erreichen konnten, war die einer außerordentlichen Professorin. Ordentliche Berufungen von Frauen erfolgten erst nach dem Zweiten Weltkrieg. Wissenschaftlerinnen wurden bis 1945 auch nicht als Mitglieder in die Preußische Akademie der Wissenschaften gewählt. Eine Ausnahme bildete lediglich die russische Zarin Katharina II., die auf Anweisung Friedrichs des Großen 1767 Ehrenmitglied und 1768 auswärtiges Mitglied wurde.

MATHEMATISCHER EINSATZ FÜR BERLIN

Wie stark Mathematik unseren Alltag und unsere Arbeitswelt durchdringt, ist kaum jemandem bewusst. Vieles von dem, was die Berliner Mathematiker an den drei Universitäten, im WIAS, ZIB und Matheon erforschen, wird auch unmittelbar in Berlin umgesetzt. Einige Beispiele sollen die Wirkung der Mathematik auf das tägliche Leben in Berlin erläutern.

Die Berliner U-Bahn verbindet 170 Bahnhöfe auf 144,9 km durch neun Linien miteinander. Mehr als 1,4 Millionen Menschen benutzen sie an Werktagen. An 19 U-Bahnhöfen kann man in andere U-Bahnlinien umsteigen, viele andere ermöglichen Transfers zu Bussen, zur S-Bahn und zum Fernverkehr. U-Bahnen fahren im Taktverkehr, die Takte ändern sich tageszeitabhängig. Bei Taktzeiten von 5 Minuten oder mehr können unerfreulich lange Wartezeiten beim Umsteigen entstehen. Verringert man die Wartezeiten an einem Knotenpunkt, so kann das an anderen Stellen zu deutlichen Verschlechterungen führen. Will man einen U-Bahn-Fahrplan so gestalten, dass Umsteiger ihre Anschlusszüge überall gut erreichen aber weder Züge noch Umsteiger zu lange warten müssen, so muss das ganze Netz auf einmal berücksichtigt werden. Berliner Mathematiker haben zusammen mit Experten der Berliner Verkehrsbetriebe (BVG) die (sehr komplizierten) betrieblichen Daten und Nebenbedingungen erfasst und einen Optimierungsalgorithmus entwickelt, der die Aufgabe optimal lösen kann. Umsteiger-Wartezeiten wurden gesenkt, kein U-Bahn-Zug steht nun länger als zweieinhalb Minuten in einem Bahnhof; nebenbei konnte sogar ein Zug eingespart werden.

Ist von der BVG ein Fahrplan erstellt worden, so wird anschließend geplant, welche Busse welche Fahrplanfahrten ausführen. Das Ziel ist, den Fahrplan mit möglichst wenigen Bussen zu bedienen und dabei mit möglichst wenigen unproduktiven Zeiten (Wartezeiten, Fahrten zu Betriebshöfen) auszukommen. Kommt in Berlin z. B. ein M49-Bus am Bahnhof Zoo an, so kann er als M49 dieselbe Strecke wieder zurückfahren, es mag aber günstiger sein, den Bus in M46 oder X34 umzubenennen und eine andere Strecke fahren zu lassen, um so Wartezeiten zu sparen. In Berlin sind pro Tag rund 28 000 Fahrgastfahrten mit rund 1300 Bussen zu bedienen. Die Aufgabe, die Umläufe für alle Busse der Berliner BVG im obigen Sinne optimal zu planen, führt auf ein Optimierungsproblem mit rund 100 Millionen Variablen, das Berliner Mathematiker in weniger als einer Stunde Rechenzeit lösen können. Dadurch hat nicht nur die BVG erhebliche Einsparungen erzielt, auch andere Verkehrsbetriebe nutzen diese Methodik.

Beim (derzeit noch vorherrschenden) GSM-Mobilfunksystem wird jeder Antenne ein Kanal (ein gewisses Frequenzband) zugewiesen. Jede Antenne kann auf diesem Kanal sechs bis acht Teilnehmer gleichzeitig bedienen. Gegenden mit hohem Bedarf (Flughäfen, Bahnhöfe, Einkaufszentren) müssen also mit mehreren Antennen überdeckt werden. Senden zwei Antennen auf dem gleichen Kanal, so ist im Überlappungsbereich Telefonieren aufgrund von Interferenz nur in schlechter Qualität oder überhaupt nicht möglich. Die deutschen Mobilfunkunterneh-

^ *Berliner Mathematiker haben einen optimalen U-Bahn-Fahrplan für das Berliner U-Bahn-System entwickelt.*

men bedienen das Land mit jeweils 10 000 bis 20 000 Antennen und haben dafür 100 bis 150 Kanäle zur Verfügung. Völlige Vermeidung von Interferenz ist dabei nicht möglich. Berliner Mathematiker haben Algorithmen entwickelt, mit denen die Interferenz erheblich reduziert und gleichzeitig die Überdeckung deutlich verbessert werden kann. Diese Methoden werden von Mobilfunkunternehmen weltweit eingesetzt.

Mathematik aus Berlin kann Ihnen ebenfalls bei der Planung von Operationen oder von Bestrahlungen zur Krebsbehandlung begegnen, sogar bei der Einnahme von Medikamenten, deren Entwicklung durch mathematische Modelle und Algorithmen unterstützt wurde. Beim Entwurf oder der Produktion des Chips in Ihrem Elektrogerät, des Lasers in Ihrem CD-Spieler, ist vielleicht Mathematik aus Berlin benutzt worden. Beim Oberflächen-Design Ihres Autos, der Steuerung seines Motors oder Getriebes mag Mathematik aus Berlin im Spiel gewesen sein. Bilder und Filme, die Sie im Fernsehen oder Kino sehen, sind möglicherweise mit mathematischen Algorithmen aus Berlin erzeugt worden. Bei der Entwicklung des Finanzprodukts, das Sie gerade bei Ihrer Bank gekauft haben, ist unter Umständen Stochastik oder Optimierung aus Berlin benutzt worden, um Ihre Gewinnerwartung bei begrenztem Risiko zu erfüllen.

Kurz: Mathematik ist fast überall beteiligt, und Mathematiker aus Berlin sind gerade bei Anwendungen in der Praxis fast überall dabei.

^ *Der Einsatz der BVG-Busse ist von Berliner Mathematikern optimiert worden.*

MATHEMATISCHE KNOBELEIEN

A				B				C
	D						E	
		C		F		G		
H			E		D			B
		E		G		H		
B			F		H			E
		I		D		E		
	G						D	
D				C				A

DAS BERLIN-SUDOKU

Auf der linken Seite befindet sich ein spezielles Berlin-Sudoku, bei dem Buchstaben statt Ziffern in die Kästchen eingesetzt wurden. Sie müssen also zunächst etwas Vorarbeit leisten und die neun Buchstaben durch die Zahlen Eins bis Neun ersetzen. Die Ziffern finden Sie, indem Sie die folgenden Fragen zu Berlin beantworten. Sie erhalten unter jedem der folgenden Buchstaben eine Ziffer als Lösung. Tragen Sie diese Ziffer in das Kästchen mit dem betreffenden Buchstaben ein. Anschließend lässt sich das Sudoku wie üblich lösen, d.h. die Ziffern Eins bis Neun dürfen in jeder Zeile, jeder Spalte und jedem Unterquadrat nur genau einmal vorkommen.

A: Wie viele Straßen in Berlin sind nach dem Mathematiker und Universalgelehrten Leibniz benannt?

B: Welche Zahl symbolisiert in der Mathematik Vollkommenheit und wird in Berlin als Mängelhinweis aufgemalt?

C: Wie viele Stadttore der Berliner Akzisemauer sind noch erhalten?

D: Wie viele Ecken hat das Kirchenschiff der Kaiser-Wilhelm-Gedächtniskirche und symbolisiert damit eine in vielen Religionen heilige Zahl?

E: Wie viele preußische Könige gab es?

F: Welche Ziffer steht bei dem π-Fries in Dahlem an erster Stelle?

G: In wie viele Sektoren wurde Berlin nach dem Zweiten Weltkrieg geteilt?

H: Wie viele Jahre dauerte der Dritte Schlesische Krieg?

I: Wie viele »Zacken« hat der Große Stern in Berlin?

< Bei diesem Sudoku-Feld sollten Sie zunächst die Buchstaben durch Zahlen ersetzen.

Im Jahr 2005 rollte die Sudoku-Welle auf Deutschland zu, verdrängte das gewöhnliche Kreuzworträtsel und machte die Mathematik plötzlich zu einem äußerst populären Zeitvertreib. Es ist kaum zu glauben, dass Zahlen und logische Überlegungen auf einmal beliebter waren als Buchstaben und Abfragen von Allgemeinwissen.

Erfunden wurde das Geduldsspiel im Jahre 1979 von dem Amerikaner Howard Garns unter dem Namen »number place«. Bald darauf wurde ein großer japanischer Verlag auf die amerikanischen Rätsel aufmerksam und machte sie ab 1986 unter dem heute bekannten Namen populär. Auf einer Japanreise war der Neuseeländer Wayne Gould von Sudoku so fasziniert, dass er eine Software zur Erzeugung von Sudokus entwickelte. Er brauchte dazu sechs Jahre und bot eines seiner Zahlenquadrate 2004 der britischen »Sunday Times« an. Diese druckte es, andere englische Zeitungen folgten und in kürzester Zeit schwappte die Sudoku-Welle über ganz Europa.

Eigentlich ist Sudoku aber viel älter, denn der vielseitige Mathematiker Leonhard Euler beschäftigte sich bereits mit geordneten Zahlenquadraten. Er verfasste die Rätsel allerdings noch ohne Unterblöcke und mit lateinischen Buchstaben als Symbolmenge, weshalb sie auch als lateinische Quadrate bezeichnet wurden. Der Rätselfreak Garns entdeckte diese Euler-Quadrate und machte die Lösung durch die Einführung der Teilquadrate noch komplizierter und spannender. Aber Euler war genauso wenig der Pionier, denn Jahrhunderte vorher waren die Kästchen unter dem Namen magische Quadrate bekannt. Eines der bekanntesten ist in Albrecht Dürers Gemälde »Melencolia I« verewigt.

Auf der Webseite des Matheon kann man versuchen, mit Computerhilfe ein eigenes Sudoku zu entwerfen. Es gibt übrigens über sechs Trilliarden Möglichkeiten in ein 9x9 Feld Zahlen so einzutragen, dass ein korrektes Sudoku-Rätsel entsteht.

DAS BERLINER LOGIK-RÄTSEL

Zur Feier des Primzahljahres 2017 treffen sich die berühmtesten Mathematiker aller Zeiten und Regionen auf einer mathematischen Tagung in Berlin. Alle wohnen im Hotel »Hilbert«. Fünf Ehrengäste (Thales von Milet, Archimedes, Hypatia von Alexandria, Euler und Gauß) werden in die fünf Präsidenten-Suiten des Hotels einquartiert. Diese liegen nebeneinander auf der 13. Etage und sind durch farblich unterschiedliche Türen gekennzeichnet.

Jeder dieser fünf besonderen Gäste ist mit einem bestimmten Transportmittel angereist, bekommt zur Begrüßung ein bestimmtes Getränk gereicht und besichtigt eine bestimmte Berliner Sehenswürdigkeit. Alle fünf Personen benutzen jeweils ein unterschiedliches Verkehrsmittel, wählen ein unterschiedliches Getränk und besuchen unterschiedliche Sehenswürdigkeiten.

Frage: Wer besichtigt das Brandenburger Tor?

Es gibt keinen Trick bei diesem Rätsel. Allein mit logischen Überlegungen finden Sie die Lösung, wenn Sie die folgenden Hinweise berücksichtigen:

- Thales wohnt in der Suite mit der roten Tür.
- Archimedes besichtigt die Siegessäule.
- Hypatia trinkt Tee.
- Die Suite mit der grünen Tür liegt unmittelbar links von der Suite mit der weißen Tür.
- Der Gast in der Suite mit der grünen Tür trinkt Kaffee.

- Der Mathematiker, der mit dem Flugzeug angereist ist, besichtigt das Pergamonmuseum.
- Der Gast, der in der mittleren Suite wohnt, trinkt Wein.
- Der Gast in der Suite mit der gelben Tür ist mit dem Schiff angereist.
- Euler wohnt in der Suite ganz links.
- Die Person, die mit dem Omnibus angereist ist, wohnt neben der, die den Berliner Dom besichtigt.
- Die Person, die den Reichstag besichtigt, wohnt neben der, die mit dem Schiff angereist ist.
- Die Person, die mit der Eisenbahn angereist ist, trinkt Champagner.
- Euler wohnt neben dem Gast, der in der Suite mit der blauen Tür einquartiert ist.
- Gauß ist mit dem Auto angereist.
- Die Person, die mit dem Omnibus angereist ist, hat einen Zimmernachbarn, der Wasser trinkt.

^ *Durch Lösen des Logik-Rätsels erfahren Sie, welcher Mathematiker die bekannteste Sehenswürdigkeit Berlins besichtigt.*

DAS BERLINER BRÜCKENPROBLEM

In Berlin gibt es rund 1600 Brücken. Dazu gehören die folgenden 16 begehbaren Brücken, die die langgestreckte Spreeinsel in Mitte mit dem Festland verbinden:

- Mühlendammbrücke
- Liebknechtbrücke
- Monbijoubrücke Nord
- Pergamonbrücke
- Schlossbrücke
- Jungfernbrücke
- Große Gertraudenbrücke
- Neue Roßstraßenbrücke
- Rathausbrücke
- Friedrichsbrücke
- Monbijoubrücke Süd
- Bodestraßenbrücke
- Schleusenbrücke
- Kleine Gertraudenbrücke
- Neue Grünstraßenbrücke
- Inselbrücke

Die ersten fünf der obigen Brücken führen von der Spreeinsel auf das Festland rechts der Spree und die weiteren elf Brücken auf das Festland links des abzweigenden Spreearms. Aus dieser Situation lassen sich die folgenden mathematisch interessanten Fragen ableiten: Gibt es einen Spaziergang, bei dem man alle diese Brücken genau einmal überquert, keine weiteren Brücken benutzt und wieder zum Ausgangspunkt gelangt? Wie ist die Frage zu beantworten, wenn man nicht unbedingt zum Start zurückkehren muss? Für die reale Durchführung der Tour wird die zukünftige Existenz der archäologischen Promenade auf der Museumsinsel vorausgesetzt.

Diese Berliner Brückenaufgabe ist eine Abwandlung des berühmten Königsberger Brückenproblems, das von Leonhard Euler 1736 gelöst wurde. Königsberg (heute Kaliningrad, Russland) wird wie in der Skizze von einem sich verzweigenden Fluss, dem

Pregel durchflossen. Im 18. Jahrhundert führten sieben Brücken über den Pregel. Die Königsberger grübelten lange Zeit darüber nach, ob sie auf einem Spaziergang alle sieben Brücken genau einmal überqueren könnten. Euler entwickelte zur Lösung dieses Problems ein neues Teilgebiet der Mathematik, das heute Graphentheorie heißt, und wies nach, dass eine solche Tour im damaligen Königsberg nicht möglich war. Gibt es jedoch bei anderen Situationen eine solche Tour, so nennt man diese heute Eulertour. Bei dem Spezialfall, dass Start und Ziel nicht übereinstimmen, spricht man von einem Eulerweg.

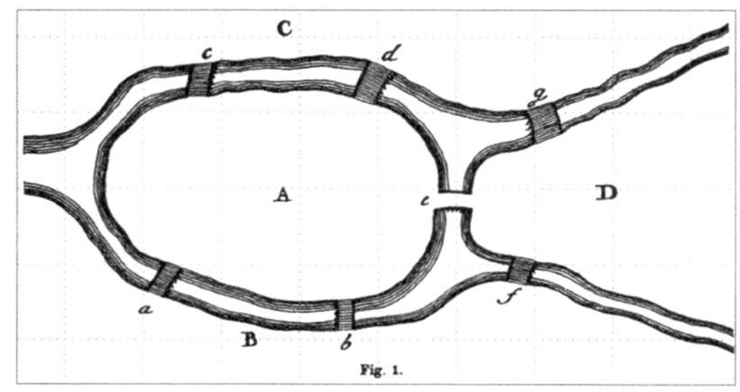

Das Berliner Brückenproblem könnte man mit diesen Begriffen also auch folgendermaßen formulieren: Gibt es eine Eulertour oder wenigstens einen Eulerweg über die Spreeinsel?

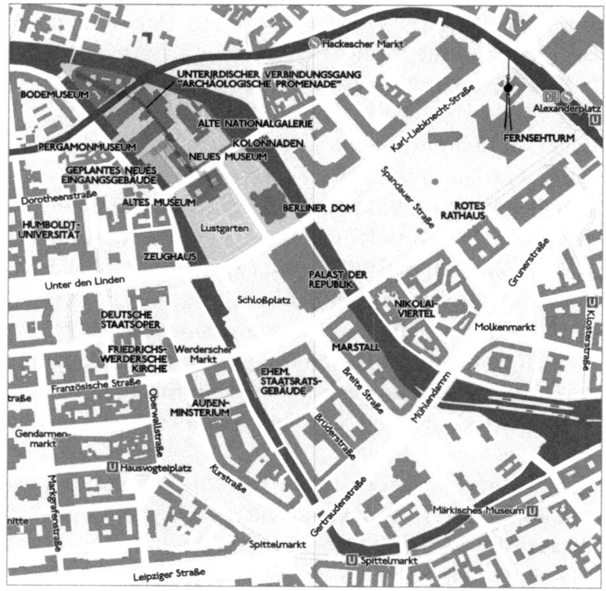

^ *Zur Lösung des Problems müssen Sie in Berlin über 16 Spree-Brücken gehen, in Königsberg gab es nur sieben Pregel-Brücken.*

LITERATURHINWEISE

Begehr, H., Hrsg., Mathematik in Berlin, Geschichte und Dokumentation, Erster und Zweiter Halbband, Shaker Verlag, Aachen 1998

Begehr, H., Koch, H., Kramer, J., Schappacher, N., Thiele, E.-J., Hrsg., Mathematics in Berlin, Birkhäuser Verlag, Berlin 1998

Berlin-Brandenburgische Akademie der Wissenschaften, Hrsg., Berlin-Brandenburgische Akademie der Wissenschaften – Vormals Preußische Akademie der Wissenschaften, Berlin 2005

Berliner Mathematische Gesellschaft, Sitzungsberichte, herausgegeben vom Vorstand der Gesellschaft, Jahrgänge 1997-2000, Berlin 2001

Berthold, R. u. a., Humboldt-Universität gestern – heute – morgen, VEB Deutscher Verlag der Wissenschaften, Berlin 1960

Biermann, K.-R., Die Mathematik und ihre Dozenten an der Berliner Universität 1810-1933, Stationen auf dem Wege eines mathematischen Zentrums von Weltgeltung, Akademie Verlag, Berlin 1988

Bölling, R., Das Fotoalbum für Weierstraß, Vieweg-Verlag, Braunschweig-Wiesbaden 1994

Brüning, J., Leonhard Euler in Berlin, Newsletter of the EMS, Heft 66/2007, S. 21-30

Brüning, J., Ferus, D., Siegmund-Schultze, R., Terror and Exile, Ausstellungskatalog der DMV zum ICM 1998

Fischer, G., Hirzebruch, F., Scharlau, W., Törnig, W., Hrsg., Ein Jahrhundert Mathematik 1890-1990, Festschrift zum Jubiläum der DMV, Vieweg-Verlag, Braunschweig 1990

FIZ Karlsruhe, Hrsg., Mathematik im Blickpunkt, Artikel von Silke Göbel und Bernd Wegner, FIZ Karlsruhe 2008

Fröba, S., Wassermann, A., Die bedeutendsten Mathematiker, Marix Verlag, Wiesbaden 2007

Hoffmann, U., Naturforscher, Ein Reiseführer zu Denkmälern und Sammlungen in Berlin und Brandenburg, edition q, Berlin 1992

Imkeller, P., Roelly, S., Die Wiederentdeckung eines Mathematikers: Wolfgang Döblin, in DMV-Mitteilungen Heft 3/2007, S. 154-159

Knobloch, E., Mathematik an der Technischen Hochschule und der Technischen Universität

Berlin 1770-1988, Verlag für Wissenschafts- und Regionalgeschichte Dr. Michael Engel, Berlin 1998

Knobloch, E., 100 Jahre Mathematik in Berlin, in DMV-Mitteilungen Heft 4/2001, S. 32-38

Knobloch, E., Hrsg., The Shoulders on which we stand – Wegbereiter der Wissenschaft, Springer-Verlag, Berlin-Heidelberg 2004

Knobloch, E., Leonhard Euler 1707-1783, in DMV-Mitteilungen, Heft 4/2007, S. 276-288

Lausch, H., Der Mathematiker schwimmt in Wollust – Mathematik bei Moses Mendelssohn, aus: Mendelssohn-Studien 7 (1990), S. 77-106

MacTutor History of Mathematics, URL: http://www-history.mcs.st-andrews.ac.uk/history/index.html

Petit, M., Die verlorene Gleichung, Auf den Spuren von Wolfgang und Alfred Döblin, Eichborn Verlag, Frankfurt 2005

Schappacher, N., E. Landaus Göttingen, in: The Mathematical Intelligencer vol.13, no.4, Springer-Verlag, New York 1991

Vogt, A., Die erste Privatdozentin für angewandte Mathematik in Berlin – Hilda Pollaczek-Geiringer, in Berlinische Monatsschrift, Heft 12/1998

Wikipedia, Die freie Enzyklopädie, URL: http://www.wikipedia.org

ABBILDUNGSVERZEICHNIS

Acta Mathematica 1913: S. 127; Archiv der Autorin: S. 11, 12, 16, 46, 52, 57, 63, 87, 91, 101, 102, 105, 113, 144, 165, 198, 199, 218, 227, 246, 252 u.; Archiv Berlin Story: S. 23, 240; Berlin-Brandenburgische Akademie der Wissenschaften: S. 18, 19, 25, 26, 27, 33, 37, 41, 49, 61, 64, 75, 77, 79, 80, 85, 90, 103, 106, 107, 114, 118, 119, 121, 130, 131, 133, 135, 139, 176, 229, 231, Backcover (1); Berliner Landesverein MNU (MNU): S. 166; Berliner Mathematische Gesellschaft (BMG) Sitzungsberichte 14/1915: S. 160; Berlin Mathematical School (BMS): S. 185; BPK, Berlin, 2008 (Foto Berlin um 1920): S. 74; Bundesministerium für Bildung und Forschung (BMBF): S. 191, Backcover (2), Cover (1); Deutsches Literaturarchiv Marbach: S. 155, 156, 157; Deutsche Mathematiker-Vereinigung (DMV): S. 165; International Mathematical Union (IMU): S. 167, 172 (2), 173 (2), 174 (2); Journal für die reine und angewandte Mathematik Bd. 157 (1927): S. 38; Journal für die reine und angewandte Mathematik Bd. 158 (1927): S. 111; MacTutor History of Mathematics Archive (Public Domain): S. 94, 95, 123, 126, 150 (2); Matheon: S. 184; Orden pour le mérite: S. 168; Technische Universität Berlin: S. 53; Wikimedia Commons (Public Domain): S. 28, 31, 39, 42, 47, 51, 54, 60, 78, 83, 88, 92, 97, 100, 120, 124, 145, 146, 149, 170, 222, 252 o.; Weierstraß-Institut (WIAS): S. 182; Württembergische Landesbibliothek/Joachim Siener: Cover (1); Zuse-Institut (ZIB): S. 183 o.; alle übrigen Abbildungen Fotos der Autorin.

Sollten trotz unserer Recherchen Bildrechte nicht berücksichtigt worden sein, bitten wir darum, etwaige bestehende Ansprüche dem Verlag mitzuteilen.

BERLIN STORY VERLAG
Leuschnerdamm 7, 10999 Berlin

Iris und Martin Grötschel

MATHEMATICAL BERLIN

SCIENCE, SIGHTS, AND STORIES
256 Seiten, 12,5 x 20,5 cm, Broschur, 14,95 €
ISBN 978-3-95723-080-5

Science, Sights, and Stories are interlinked to a unique mathematical guidebook that explains the historical development of scientific mathematics in Berlin, describes mathematical institutions and their locations, portrays outstanding mathematicians who have worked here, presents mathematical sights and mathematical walking tours in Berlin. Readers are guided through the center of the city leading to places of mathematical interest and providing background information about mathematics in Berlin.

Iris Grötschel

DAS PHYSIKALISCHE BERLIN

EINE REISE DURCH RAUM UND ZEIT
256 Seiten, 12,5 x 20,5 cm, Broschur, 19,80 €
ISBN 978-3-86368-104-3

Eine faszinierende Zeitreise durch die Physik in Berlin – Orte, Menschen, Geschichten aus mehreren Jahrhunderten.
Gustav Magnus richtete in seinem Haus ein physikalisches Labor ein. Werner von Siemens erwarb dort seine Grundlagen. Beider Freund Hermann von Helmholtz erreichte den Neubau eines physikalischen Instituts. Max Planck entdeckte dort die Quantentheorie. Albert Einstein entwickelte hier die allgemeine Relativitätstheorie. Lise Meitner wurde die erste Physik-Professorin Deutschlands.
Berlin glänzt heute mit vielen hervorragenden physikalischen Einrichtungen. Dazu führen Sternwarten, Museen und öffentliche Exponate auch Theorie-Muffel die farbenfrohe Physik vor Augen.

WWW.BERLINSTORY.DE

Alexander Kraft

CHEMIE IN BERLIN

GESCHICHTE, SPUREN, PERSÖNLICHKEITEN

336 Seiten, 12,5 x 20,5 cm, Broschur, 19,80 €

ISBN 978-3-86368-060-2

Von den Alchemisten, Glasmachern und Apothekern über die Nobelpreisträger bis zur pharmazeutischchemischen Industrie heute. Berlin war einst auch in der Chemie führend in Europa. Alexander Kraft gibt in seinem Buch eine umfassende und unterhaltsame Übersicht:

- 500 Jahre Chemie in Berlin
- 30 chemische Orte mit Tradition
- 12 große Unternehmen
- 60 bedeutende Chemiker Berlins

Norbert Meier

BERLIN GEOLOGIE

ÜBER UND UNTER DEM PFLASTER DER STADT

144 Seiten, 17 x 24 cm, Broschur, 16,95 €

ISBN 978-3-95723-002-7

Wussten Sie, dass Berlin bei der Plattenverschiebung von Baltica und Avalonia womöglich schon einmal geteilt war – vor etwa 500 Millionen Jahren? Wollen Sie wissen, ob man unter Berlin Erdgas finden könnte? Oder wenigstens Braunkohle? Oder aus welchen Natursteinen die Siegessäule, die Nikolaikirche, das Brandenburger Tor oder die »Schweinebäuche« auf den Berliner Gehwegen bestehen? All das bleibt kein Geheimnis, wenn Sie dieses grundlegende, extrem umfangreich illustrierte und witzig erzählte Buch für geologische Novizen gelesen haben.

Michael Bienert/Elke Linda Buchholz

DIE ZWANZIGER JAHRE IN BERLIN

EIN WEGWEISER DURCH DIE STADT
304 Seiten, 12,5 x 20,5 cm, Broschur, 19,95 €
ISBN 978-3-95723-065-2

Dreigroschenoper, Bubikopf, Dada, Bauhausarchitektur, Metropolis, Straßenkämpfe – der Mythos der Zwanziger Jahre prägt bis heute das Bild Berlins. Er zieht Touristen in die Stadt und inspiriert die Berliner Stadtplanung und Architektur, das Theater, das Kino und die Literatur. An manchen Orten ist der Geist der Weimarer Republik noch greifbar: an Baustellen wie dem Alexanderplatz, auf S- und U-Bahn-Strecken oder in Wohnanlagen der Zwanziger Jahre, in jüngster Zeit sorgfältig restauriert. Dieser Stadtführer hilft, die Zwanziger Jahre mit all ihren Facetten im wiedervereinigten Berlin wiederzuentdecken. Zahlreiche Abbildungen, Register und ein Serviceteil erleichtern die Orientierung.

Michael Bienert/Elke Linda Buchholz

MODERNES BERLIN DER KAISERZEIT

EIN WEGWEISER DURCH DIE STADT
320 Seiten, 12,5 x 20,5 cm, Broschur, 19,95 €
ISBN 978-3-95723-105-5

„Berlin ist Chicago – nur gewaschen, gestärkt und gebügelt", schrieb der amerikanische Autor George Ade 1908 über die Reichshauptstadt. In der Kaiserzeit war die rasant wachsende Stadt ein Labor für neue Formen der Architektur und Kunst, des Zusammenlebens und der Versorgung einer Millionenbevölkerung. Ob Mietskasernen, Kanalisation, Theater, Stadtbahn, Krankenhäuser oder Museen: Vieles, was zwischen 1871 und 1914 neu war, ist bis heute in Gebrauch und prägt den Stadtcharakter. Die Metropolenkultur vor dem Ersten Weltkrieg war innovationsfreudig, vielstimmig, liberal und weltoffen, kaum weniger als in der Weimarer Republik.

Anzeige

Berlin Story Bunker

Schöneberger Straße 23a, 10963 Berlin

BERLIN STORY MUSEUM

Berlin Story Geschichtsbunker am Anhalter Bahnhof

Im 6.500 Quadratmeter großen Hochbunker aus dem Zweiten Weltkrieg gibt es zwei Angebote über drei Etagen (des fünfstöckigen Bunkers):

- **Berlin Story Museum**
  Die Geschichte Berlins vom Anfang bis heute mit den Schwerpunkten Nazi-Zeit und DDR.
  Ein AudioGuide (zehn Sprachen) ist im Eintrittspreis eingeschlossen. Durchschnittliche Besuchszeit 60 Minuten

- **„Hitler – wie konnte es geschehen"**
  Die Geschichte des Nationalsozialismus einschließlich der Dokumentation Führerbunker mit dem Nachbau des Raums, in dem Hitler sich im Bunker das Leben nahm.
  Diese Ausstellung erstreckt sich über drei Etagen.
  AudioGuide: 1,50 € (acht Sprachen)
  Durchschnittliche Besuchszeit 120 Minuten.

Öffnungszeiten täglich 10–19 Uhr, letzter Einlass 17:30 Uhr.
Preise: Hitler-Dokumentation 12 €, Berlin Museum 6 €.
Kombi-Ticket 13,50 €

Berlin Story Bunker
Schöneberger Straße 23a
10963 Berlin
E-Mail: Kasse@BerlinStory.de

Mehr Informationen:
WWW.BERLINSTORY.DE